金属矿山采空区稳定性分析与治理

张海波　宋卫东　著

北　京

冶金工业出版社

2014

内 容 简 介

本书以某铁矿采空区工程治理为研究与工程实践背景，阐述了采用先进采空区探测设备对采空区进行实测，并运用3Dmine和FLAC建模耦合技术构建数值计算模型，较真实地反映了矿山采空区的具体形态和主要特征参数，在此基础上采用岩石力学理论计算、数值计算模拟、模糊－灰关联理论对采空区围岩稳定性进行了评判分析和稳定性分级；鉴于矿山采空区治理的复杂性，根据采空区稳定性级别和特征参数，提出了采用充填和隔离封闭处理技术分区域、逐步治理采空区措施。

本书适用于采矿工程、岩土工程领域的工程技术人员阅读，也可供大专院校有关专业师生参考。

图书在版编目（CIP）数据

金属矿山采空区稳定性分析与治理/张海波，宋卫东著. —北京：冶金工业出版社，2014.7

ISBN 978-7-5024-6617-6

Ⅰ.①金… Ⅱ.①张… ②宋… Ⅲ.①铁矿床—采空区—稳定性—研究 Ⅳ.①P618.310.5

中国版本图书馆 CIP 数据核字（2014）第 165105 号

出 版 人　谭学余

地　　址　北京市东城区嵩祝院北巷 39 号　邮编　100009　电话　(010)64027926

网　　址　www.cnmip.com.cn　电子信箱　yjcbs@cnmip.com.cn

责任编辑　李培禄　美术编辑　吕欣童　版式设计　孙跃红

责任校对　郑　娟　责任印制　牛晓波

ISBN 978-7-5024-6617-6

冶金工业出版社出版发行；各地新华书店经销；三河市双峰印刷装订有限公司印刷

2014 年 7 月第 1 版，2014 年 7 月第 1 次印刷

148mm×210mm；5.5 印张；201 千字；166 页

29.00 元

冶金工业出版社　投稿电话　(010)64027932　投稿信箱　tougao@cnmip.com.cn

冶金工业出版社营销中心　电话　(010)64044283　传真　(010)64027893

冶金书店　地址　北京市东四西大街46号(100010)　电话　(010)65289081(兼传真)

冶金工业出版社天猫旗舰店　yjgy.tmall.com

　　　　　（本书如有印装质量问题，本社营销中心负责退换）

前　言

　　多年来，采用空场采矿法在开采矿产资源的同时，也造成大量采空区的形成，但大多数采空区都没有得到及时有效的治理，导致产生或诱发各种地质灾害，继而威胁矿山正常生产和矿区人民的生命财产安全。随着我国冶金业和矿业的迅速发展，采空区治理工程已刻不容缓。一方面是由于矿山经过滥采滥挖、有水快流的开采年代，造成在矿山实际生产中与矿山开采设计严重脱节，采空区相互贯通，分布十分凌乱，无法明确采空区的实际空间分布和体积大小，更为严重的是那些民采、盗采矿点，形成大量非法采空区；另一方面是随着矿山开采深度的不断增加，矿山滞留的采空区越来越多，如一旦上部采空区顶板暴露面积超过其极限暴露面时，采空区顶板将会发生崩落和塌陷，当其崩落的范围影响到顶板的整体稳定性时，就会出现顶板失稳连锁反应，致使发生下部开采中段巷道变形、采场顶板冒落等重大事故，同时也极易诱发井下突水和泥石流灾害，甚至会造成矿山停产或关闭。

　　对于这样复杂多变，涉及岩体力学、工程地质学和计算力学等多学科交叉的采空区治理工程，采用传统单一的研究方法与手段往往难以收到好的效果，需要多学科交叉融合、综合集成的方法，对采空区赋存状态与矿山实际工程进行整体研究，强调定性与定量结合、经验与理论结合，以实现对采空区及时有效的治理。本书采用先进采空区探测设备对采空区进行了探测，分别采用力学理论计算、数值模拟及模糊-灰关联理论对采空区围岩失稳进行了分析研究，在研究采空区治理方法及适用性的基础上，提出采用综合处理技术治理采空区。全书各章自成体系，内容不求全面、系统，力求在学术上具有引导性、启迪性。

本书由河北联合大学张海波老师结合其科研成果撰写完成，其中部分研究内容得到作者的博士生导师北京科技大学宋卫东教授的指导和帮助，在此深表感谢。另外，北京科技大学杜建华博士、谭玉叶博士、付建新博士、吴姗博士等对本书的撰写也给予了大力帮助，同时感谢河北联合大学张艳博教授、李占金教授、李示波教授在本书撰写过程中给予的支持和帮助，在此一并表示感谢！

本书在有关资料整理、录入、排版过程中得到了河北联合大学矿业工程学院李祥军、田福义、孙建辉三位同学的帮助，作者感谢他们的辛勤劳动。本书在撰写过程中，参阅了大量国内外参考文献，作者在此谨向文献作者表示衷心的谢意。

由于作者水平有限，书中不妥之处，诚恳欢迎读者给予指正，共同交流。

作 者
2014 年 5 月

目　录

1 采空区概述

20 世纪 50 年代中后期以来,在我国应用留矿、空场等采矿方法开采一些金属及非金属矿床的采空区没有进行有效处理,相继发生了采空区顶板崩落和地表岩移,不少矿山产生了很多危害,如设备财产遭受破坏、资源损失、生产失调、企业经济技术指标受到影响等,个别矿山甚至造成极为严重的人身伤亡事故。例如:1967 年盘古山钨矿在已形成 177.8 万立方米采空区的条件下产生了大范围的移动,破坏了四个采矿阶段,七大工艺系统,损失工业矿量 29.38 万吨,1967 ~ 1970 年,连续四年企业生产能力平均下降 45%,直接损失达 735 万元;湖北宜昌地区盐池磷矿矿区,1980 年 6 月 3 日产生大规模的山崩事故,崩塌岩体量约 135 万立方米,直接导致 284 人遇难,河流中断,受灾面积达到 25.9 万平方米。形成山崩的主要原因是采空区处理方法不当,采空区处理中应用浅眼爆破房间矿柱、底柱,与此同时将顶板强制崩落,使采空区上部产生大量移动,导致山崩。

近几年来,金属矿山由采空区塌陷引发的灾难事故接连发生,已经造成重大人员伤亡和财产损失,引起了国家安监总局、省安监局和企业领导的高度重视。例如,2001 年 7 月 17 日,广西南丹采空区突水,81 人遇难;2005 年 11 月 6 日,因采空区大面积冒顶而引发的河北省邢台县尚汪庄石膏矿区 "11.6" 特别重大坍塌事故,造成 33 人死亡。2005 年 12 月 26 日,安阳县都里铁矿采空区突然发生大面积地表塌陷,造成 8 人坠落、3 人失踪;2006 年 6 月 18 日,包头市聚龙矿业公司采空区塌陷造成 1 人遇难,6 人失踪。2008 年 4 月 16 日,山西忻州市平型关铁矿由于地下采空区顶部矿柱及回填料塌陷,导致地面材料库房陷落,造成 3 人下落不明;2011 年 8 月 15 日上午,湖北黄石阳新县铜矿采空区发生塌陷,塌陷面积 60 多平方米,深度约 13m,采空区塌陷导致居民住房倒塌。

1.1 大面积采空区的危害

我国矿山安全事故频发，特大安全事故也时有发生，其主要诱因有两个：一个是瓦斯，另一个就是采空区。

从岩体力学分析，岩体开挖以后，空场周围岩石的原始应力平衡遭到破坏，应力重新分布，形成次生应力场，在某些部位形成应力集中，另一些部位则形成应力降低区。次生应力场对采空场稳固性的影响结果有两种可能：一是随着时间的推移和空间的扩大，岩移变形随着次生应力场的形成变化基本结束，或者在安全限度以内，因之采空区是稳固的；另一种是随着采空区的不断扩大或时间的推移，岩体应力不断重新分布，应力超过岩体的强度极限、岩移量超过安全限度，随之出现顶板下沉、侧帮突起、底板隆起、岩石剥裂等现象，进而发展成为岩石离层和崩落，大面积采空区岩石突然崩落，会造成很大的冲击载荷，破坏矿山生产。

采空区对工程的危害是显著的，主要体现在两个方面：

(1) 采空区失稳，其主要表现为：

1) 采空区顶板大面积垮落产生冲击气浪。顶板垮落的岩石会以极快的速度压缩采空区内的空气，在采空区和巷道内会产生冲击气浪，危害井下的人员、设备。

2) 顶板冒落产生冲击力。顶板垮落的岩石会对底板产生巨大的冲击，其能量传递至其他地下工程，会产生极大破坏（尤其对矿柱），并有可能诱发矿震。

3) 采空区变形危害地表安全。采空区的变形将破坏上覆岩层的应力平衡，使地表下落形成塌陷，引发建筑物沉降和地面开裂，还能诱发滑坡、塌方、泥石流等地质灾害。

4) 采空区变形危害周围采空区及采场安全。采空区局部的变形可能对整体的稳定性产生影响，一旦某个采空区发生失稳，必定影响周围采空区的稳定性，使其他地下工程的受力发生巨大变化，并可能引起连锁反应而发生连续失稳，极大威胁采矿安全。

(2) 在矿山开采过程中，采空区围岩受爆破震动影响导致岩体裂隙发育，甚至贯通地表或连通老窿积水，发生突水事故，从而淹没坑道和工作面，2001年7月南丹特大透水事故就是民窿留下的采空区积水相互贯通而造成的。

1.2 采空区探测技术

采空区探测最先起源于各类以军事和地质找矿为目的的物理探测方法，目前国内外采空区探测主要是采矿情况调查、工程钻探、地球物理勘探，辅以变形观测、水文试验等。采空区主要的探测方法主要有以下几种：微重力法、直流电法、瞬变电磁法（TEM）、高密度电法、探地雷达（GPR）技术、瞬态瑞雷波法、地震层析成像法（CT）、浅层地震勘探法和射气测量技术等。

美国、日本、俄罗斯等发达国家在地下空洞探测中主要采用了以地球物理勘探为主的探测技术，并积累了丰富经验。美国较全面地发展了电法、电磁法、微重力法及地震勘探技术，其中以浅层地震勘探最为突出，20世纪70年代以地震折射波法为主，80年代发展了地震法，并以高分辨率地震反射法为代表。美国的地震层析技术发展很快，除浅层地震勘探法外，高密度电法或电位CT法在美国也获得了明显的发展。

俄罗斯在工程物探技术方面发展比较全面，曾用地震反射法完成了莫斯科市1000km地震剖面，成功地圈定了裂隙及岩溶范围。对于采空区勘探，俄罗斯主要采用直流电法及瞬变电磁法，同时井间电磁波透视、声波透视及射气测量技术也发展较快。

日本20世纪80年代主要采用"GR-810"瑞雷波全自动地下勘探系统，在勘察地下空洞方面具有特别功效。英、法等欧洲国家用来探测采空区的方法有微重力法、高密度电法、地质雷达法及浅层地震勘探法。20世纪70年代中期，国外较成功地将微重力法应用于隐伏岩溶、矿山采空区探测。

国内近年来在利用地球物理勘探技术查明地下采空区方面作了大量的工作，发展了多种方法，如瞬态瑞雷波法、地质雷达、弹性波CT、超声成像测井等。但是根据各方法的有效探测深度，在不同深度的采空区，选择的方法也有所不同，有时根据采空区位置、类型、深度及产状，灵活选用合适的组合探测手段，可以达到高质量的勘探效果。闫长斌等人针对复杂关联多群采空区情况，在现场摄影调查的基础上，提出了以探地雷达和瑞雷波法为主的综合探测技术，两种不同的先进物探技术，相辅相成，提高了采空区探测的准确度和精度。

但随着我国物探技术测量精度和信息处理速度的提高，工程物探越来越成为探明地下采空区的一项重要的勘探手段。然而以上探测方法不能或很难形成采空区的三维模型，只能确定采空区的范围、埋深和大致形状。况且，这些探测方法对采空区的探测要依赖于采空区周围的岩、土体进而确定采空区异常体，不同的探测方法适用于不同的地质条件，地质情况都是很复杂的，这就极大地阻碍了对探测结果的准确解释，这也是采用综合探测方法进行采空区探测来弥补单一方法探测不足的原因，即使如此也很难得到采空区准确的形态。近年来，基于激光测距技术的采空区三维探测方法在国内外矿山得到了广泛应用，这是一种很好的采空区三维探测方法。张新光运用采空区激光自动扫描系统（CALS）对河南栾川三道庄钼矿地采留下的采空区进行了详细、系统的探测，基本查明了采空区的分布、大小和贯通关系，为该矿由地下生产转入露天开采的采空区处理提供了相对可靠的决策依据。刘晓明、罗周全等采用 CMS 系统探测采空区，通过前后采空区模型的对比分析，准确掌握采空区的变化趋势，最终实现采空区的动态监测。王运敏等人借助三维激光采空区监测系统对地下矿山采空区进行三维扫描，精确地获取了激光头到采空区边界的距离，解决了传统采空区稳定性分析建立数值分析模型时，对采空区的形状进行过多简化的问题，从而使采空区模型趋于真实，采空区稳定性分析的结果可靠度提高。

1.3　采空区稳定性监测技术

采空区的稳定性监测分析是矿山开采中一项基础性研究，对采空区应力、应变、位移变化的现场监测，对采空区稳定性情况做出直接反馈具有真实、准确的特点。目前，国内对采空区稳定性监测分析主要利用声发射监测法、光弹应力计法等。

国内学者赵刚等人利用声发射法在采空区稳定性监测分析方面做了一定的研究。蔡美峰通过对岩石基复合材料支护的采空区声发射监测，利用声发射特征统计方法，发现了采空区（或塌陷区）围岩动力失稳的非线性关系，结合岩体失稳的全应力应变关系，揭示围岩失稳过程与声发射之间内在的规律性和必然联系。万虹等人采用光弹性应力计时对具体矿山采空区应力变化情况进行了长期监测，通过围岩（含矿柱）应力监测得到应力变化规律，反映了采空区稳定状况。

在情况较为复杂的采空区稳定性分析中，单一的监测手段很难得到采空区稳定性的结论。对于复杂的高峰矿采空区，叶粤文采用光弹应力、声发射、水准测量综合测量方法对采空区进行了稳定性分析，取得了良好效果。纪洪广将压力监测、声发射监测、位移监测等多种手段应用于采空区围岩的稳定性监测，实践表明所得到的判别模式利用了压力和声发射两种信息之间"耦合内涵"，有着更好的可操作性，更宜于现场监测人员的理解和掌握。此外，在实际采空区稳定性工程分析中，套孔应力解除法、声波监测法、水准测量法也得到了应用。

近年来，国内采空区动力灾害的数字化监测理论与技术在岩石力学领域兴起，对采空区稳定性监测分析发展起到了推动作用。地下采空区系统是高度非线性复杂大系统，并始终处于动态不可逆变化之中。因此，要对它的力学行为进行预测与控制，必须借助于先进的监测技术和数据分析手段。采空区动力灾害的数字化监测理论研究一般分为围岩灾害数字化监测、采空区非线性动力学破坏过程监测、监测数字信号处理三个阶段。对此，蔡美峰、宋兴平、刘德安、纪洪广等人在采空区动力灾害的数字化监测理论和应用方面做了很多研究，取得了一定进步。宋兴平认为子波变换分析对大采空区动力灾害声发射监测的信号特征分析有很大的优势。上述研究为工程信号中奇异点的探测与识别和矿山采空区动力灾害声发射监测信号识别提供先进、可行的测试手段，也进一步提高了国内采空区稳定性监测分析水平。

1.4 采空区稳定性理论分析

矿山开采会打破原有的岩体系统平衡，若对遗留的采空区不进行处理，就会产生一系列的矿山灾害，如地表沉降、地面塌陷、矿坑突（涌）水、采空区冒落与塌陷等。这些采空区隐患对矿山建设工程存在巨大的威胁。20 世纪 70 年代，Jones 等最先研究了采矿空区塌陷对公路的影响；80 年代，Jones、Sergeant、Wang 等探测了采矿等下伏空洞对建筑物地基的危害。然而，这些研究多出于采空区外其他构筑物失稳安全考虑，对采空区本身安全关注较少，即便涉及到采空区自身稳定，也多研究采空区中矿柱的稳定，而对大规模采空区群中采空区层间顶板稳定性分析不足。

1.4.1 矿柱稳定性理论

国内许多学者引入尖点突变理论对矿柱稳定性进行分析，建立了矿柱失稳突变模型，并进行了矿柱失稳机理的深入研究，王连国基于定态曲面方程和分支曲线方程，采用突变理论建立了矿柱失稳尖点突变模型，分别求得矿柱应力强度比 F_g 和临界破坏宽度 r_{pl}。研究表明：当 $F_q > 1$ 或 r_{pz}（矿柱破坏宽度）$> r_{pl}$ 时，矿柱会发生失稳；当 $F_q < 1$ 或 $r_{pz} < r_{pl}$ 时，矿柱不会发生失稳。李江腾等人针对具有初始几何缺陷的超高矿柱稳定性问题建立了一个简化的力学模型，基于初始挠度的形状、岩石的应力－应变关系、应变－曲率关系及静力平衡关系对具有初始挠度的矿柱的弹性及弹塑性稳定性进行了探讨，确立了超高矿柱稳定性对初始几何缺陷的依从关系，确定了具有初始几何缺陷的超高矿柱的弹塑性失稳的极限载荷。王学滨考虑了矿柱的渐进破坏，推导出了矿柱剪切失稳判据的解析式。朱湘平等从能量原理及断裂力学的角度出发，研究了脆性岩体中轴向劈裂引起的矿柱稳定性问题。刘沐宇应用断裂力学理论讨论硬岩矿柱初始裂纹在上覆岩层作用下贯通形成层状结构的机理，指出裂纹间相互作用引起裂纹的失稳扩展，从而相互连接形成层状结构。张晓君认为矿柱的稳定性取决于两个基本方面：一是上、下盘围岩施加在矿柱上的总载荷，即矿柱所承担的地压，以及在该载荷作用下矿柱内部的应力分布状况；二是矿柱具有的极限承载能力。给出了矿柱上的总载荷公式：

$$\sigma_{av} = (a_m + a_p)\sigma_v/a_p \tag{1-1}$$

式中　σ_{av}——矿柱平均应力，MPa；

　　　a_m——矿房开采面积，m^2；

　　　a_p——矿柱横断面面积，m^2；

σ_v——垂直应力，MPa。

垂直应力 $\sigma_v = k_1\gamma H$，k_1 为不确定性因子，是垂直应力与上覆岩层重力之间的关系系数；γH 为上覆岩层重力矿柱具有的极限承载，可以采用实验统计值或摩尔－库仑公式计算。节理和裂隙是影响岩体强度的主要因素，对于矿柱来说，矿柱的被软化程度和爆破破坏程度也是重要因素，因此采用如下改进公式：

$$S = 2K_2 C\cos\phi/(1 - \sin\phi) \qquad (1-2)$$

式中　S——矿柱抗压强度，MPa；

K_2——不确定性因子，是影响矿柱强度的因素系数；

C——矿柱内聚力，MPa；

ϕ——矿柱内摩擦角。

根据上述公式，可推导出采空区顶板冒落的极限状态方程：

$$Z = \frac{2K_2 C\cos\phi}{1 - \sin\phi} - \frac{(a_m + a_p)\gamma H}{a_p} = 0 \qquad (1-3)$$

1.4.2　顶板稳定性理论

采空区顶板作为采空区相对薄弱的部分，在采空区跨度、高度、承载状况发生变化时，都可能发生坍塌，导致上下相邻采空区相互贯通，改变原有采空区结构，诱发地应力改变，形成局部应力集中和岩体破坏，进而导致更大范围的采空区贯通和失稳。因此，分析不同尺寸采空区的顶板安全厚度对评价已有采空区（群）的稳定性有着重要的意义。对于采空区顶板安全厚度的确定，众多矿山采用经验类比法，当然也有不少研究者通过基于数学与力学理论建立了相应的方法，对科学确定采空区顶板厚度和评价采空区顶板稳定性提供了依据。具体方法介绍如下。

1.4.2.1　应用结构力学方法

应用结构力学对采空区顶板稳定性分析研究中，假定采空区顶板是结构力学中两端固定的梁，计算时将其简化为平面弹性力学问题，将顶柱受力认为是两端固定的厚梁，依此力学模型可得到顶板厚梁内的弯矩与应力大小。计算得出：

$$\sigma_{许} \leqslant \frac{\sigma_{极}}{nK_c} \qquad (1-4)$$

式中 $\sigma_{许}$——顶板允许的拉应力，MPa；

$\quad\quad \sigma_{极}$——顶板的极限抗拉强度，MPa；

$\quad\quad n$——安全系数；

$\quad\quad K_c$——结构削弱系数。

采用该法，可以对采空区顶板的安全厚度进行计算。

1.4.2.2 鲁佩涅依特理论计算法

前苏联科学技术博士鲁佩涅依特和利别尔马恩在普氏破裂拱理论基础上，根据力的独立作用原理，研究了露天开采采空区上部岩体自重和露天设备重量作用应力对岩石的影响，并且在理论分析计算中假定：(1) 采空区长度大大超过其宽度；(2) 采空区的数量无限多，不计边界跨度影响。在此前提下，将复杂的三维厚板计算问题简化为理想的弹性平面问题，然后建立力学模型，对此进行分析与研究，确定顶板的安全厚度。

1.4.2.3 载荷传递交汇线法

此法假定载荷由顶板中心按竖直线成30°~35°扩散角向下传递，当传递线位于顶与洞壁的交点以外时，即认为溶洞壁直接支承顶板上的外载荷与岩石自重，顶板是安全的。使用该法，得到不同采空区跨度与其顶板的安全隔离层厚度的关系。

1.4.2.4 厚跨比法

该法内容为：顶板的厚度 H 与其跨越采空区的宽度 W 之比 H/W $\geqslant 0.5$ 时，则认为顶板是安全的。

1.4.2.5 普氏拱法

根据普氏地压理论，认为在巷道或采空区形成后，其顶板将形成抛物线形的拱带，采空区上部岩体重量由拱承担。对于坚硬岩石，顶部承受垂直压力，侧帮不受压，形成自然拱；对于较松软岩层，顶部及侧帮有受压现象，形成压力拱；对于松散性地层，采空区侧壁崩落后的滑动面与水平交角等于松散岩石的内摩擦角，形成破裂拱。根据普氏压力拱理论计算得到不同采空区顶板安全隔离层厚度。

1.4.2.6 长宽比梁板法

根据不同的采空区尺寸，可分以下两种情况讨论：

（1）采空区长度与宽度之比大于 2，此时假定采空区顶板为一块嵌固梁板，以此来计算采空区顶板最小安全厚度。

（2）采空区长度与宽度之比等于或小于 2，此时假定采空区顶板为一个整体板结构，将其视为矩形双向板受自重均布载荷和废石等附加载荷作用，按弹性理论计算板跨中的最大弯矩。其四周边界条件，为安全起见，可将其视为四边简支结构，计算时利用表格中四边简支的弯矩系数来确定短跨方向的最大弯矩 M_{max}。由于岩石抗拉强度最低，利用材料力学方法确定顶板的最小安全厚度。

1.4.3 采空区稳定性评价理论

采空区稳定性分析是一项复杂的系统工程，由于影响采空区稳定性的因素很多而又十分复杂，且各因素影响的程度也不尽相同，其相互间必存在一定联系。一般来说，地质因素包括：覆岩赋存性质、地质构造、松散土厚度及性质、地应力状态、地下水作用、岩层组合等；采矿因素包括：采厚与采深、采空区面积、开采方法、顶板管理、重复采动、时间过程等。作为采空区危险性评判级别的各因素标志及界限又是模糊不清的，难以采用经典数学模型加以分析，而采用模糊数学将会得到很好的解决。

焦家金矿采空区的稳定性基本上受采场顶板结构面的发育程度的控制，所以在进行采空区顶板稳定性综合评判时，选择了下面四个指标作为判据：

（1）岩体点载荷强度 I_s。

（2）控制性结构面组数 N。

（3）控制性结构面质量指数 I_j，并有：

$$I_j = \sum a_j N_j \tag{1-5}$$

式中　a——各级结构面的权重，对于 Ⅰ、Ⅱ、Ⅲ 级结构面，a 值分
　　　　别为 1、0.5 和 0.25；

　　　N——各级结构面的总数目；

　　　j——结构面的级次。

（4）结构面的内摩擦角 ϕ_c，并有：

$$\phi_c = \sum \phi_j / N \qquad\qquad (1-6)$$

式中　ϕ_j——单条结构面的内摩擦角。

对焦家金矿的 18 个采空区逐个收集、试验和统计数据，然后利用模糊数学评判方法划分其稳定程度，结果是在四级划分结果中，稳定的采空区占 27.8%，中等稳固的采空区占 22.2%，不稳定的采空区占 22.2%，极不稳定的采空区占 27.8%。

此外，还有其他一些评价采空区稳定性的方法。

在控制论中，常用"黑箱"、"白箱"的概念来描述一个系统的已知信息量的多少。介于"黑箱"与"白箱"之间还存在一种"灰箱"，因此产生了相应的灰色系统理论。同时，地下采场稳定性的研究中，灰色系统理论也得到了应用。

在数学上，灰色系统用灰数、灰方程和灰矩阵来描述，对于一个力学系统内存在的灰数可以采取下述方法进行白化：

（1）利用对称及转换的概念来增加可识别的变量及分析的自由度，主要技术包括：

1）赋予：信息的组合是赋予的方式之一，可以增加系统的可识别的变量；

2）生成：用适当的方式将原始数据处理，得到规律性强、随机性弱的数组，称之为灰色方程的生成；

3）反推：在泛系统理论中，一个系统的子系统对该系统有某种确定性及相对局限性，从模拟该系统的模型泛适应性去推导原系统的泛适应性，是一种基于广义对称转化的反推。反推特别适用于力学系统状态的预测。

（2）利用逼近和近似的概念来识别灰数，主要技术包括：

1）分段识别；

2）逐次逼近；

3) 区间识别。

(3) 基于某种识别条件，利用优化的概念来识别灰数。

对于研究地下采场稳定性，可以将其视为一个工程力学灰色系统，其有两个子系统：自然因素子系统和人工因素子系统。每个子系统都含有许多要素，其中一些为灰数，并且要素之间的相互关系也大都为灰数，因此可采用灰色系统的理论和方法来研究。

采空区的治理必须了解各个采空区具体情况的差异性，判断其可能产生灾害的危险性程度，只有综合考虑各种信息，才能得到比较合理的采空区治理方案，并尽量使某些危险性程度大的采空区得到优先治理。目前，灰色关联度法、模糊综合评价方法、模糊测度理论已被应用到采空区稳定性评价中，灰色系统理论主要用于解决"小样本、贫信息且不确定"问题，其基本特点是"少数据建模"，并建立了相应的采空区稳定性分析数学模型，计算采空区灾害危险度以及采空区稳定性系数与稳定性级别间的对应关系。赵奎在应用模糊数学理论对矿柱稳定性分析方面取得了较大进展，建立了矿柱稳定性模糊推理系统。王新民等用灰色关联分析方法对矿山不同采空区的危险性程度进行研究。灰色关联分析方法应用于采空区危险度的评价，得出了各个采空区的关联度及其相应的危险度排列顺序，可以为矿山采空区治理方案提供更为完善的有效信息。

1.5 采空区稳定性数值分析

采空区现场监测虽然具有真实、可靠度大的优点，但周期较长、工作量大、成本高，且难以抓住主要因素进行机理分析；理论分析虽简单易行，但由于很多复杂的地质因素被简化或被忽略，复杂地质条件下的工程问题误差较大，且不能模拟采空区的动态变形过程。而数值模拟具有能快速、定量评价采空区的稳定性，成本低，改变方案和有关参数方便、灵活等优点，而且能够处理复杂的材料本构关系，因而在工程实践中得到了广泛应用。

目前采空区数值模拟主要使用有限单元法、边界单元法、离散单元法及有限差分法等。国外开发的相应软件有有限元分析软件 AN-SYS，有限差分法软件 FIAC、FIAC3D，离散单元法软件 UDEC、

3DEC；国内开发的有岩石破裂过程分析软件 RFPA 等。在采空区数值模拟方面，国内李夕兵等人应用 ANSYS 做了大量的模拟研究。李夕兵等人根据矿山采空区的具体位置、围岩特性、矿区地应力等已知条件进行二维、三维有限元数值模拟计算分析，得到采空区围岩的应力分布规律，围岩、矿柱及顶底板的位移变形趋势及采空区变形的影响范围。饶运章等人通过对 ANSYS 分析结果进行分析，客观地评价了紫金山金铜矿露天地下联合开采过程的采空区围岩稳定性；杨海军、董长吉使用有限元程序 ANSYS 对深部巷道顶底板的稳定性进行数值模拟，在取得巷道变形实测数据后，经比较所得出的模拟结果与实际相符；黄铁平、韩仕权基于 ANSYS 有限元分析软件，针对某铁矿的赋存条件、试验采场位置以及开挖的影响范围，建立了三维计算模型，设计了 5 个模拟方案，进行了不同条件下的采场结构参数和回采顺序的数值模拟，分析了矿山开采施工对围岩稳定性的影响程度。

孙国权等人通过 FLAC3D 程序对某金矿的采空区稳定性进行了数值模拟分析，得出了应力应变的分布规律，制定了留间距为 30m × 30m、断面为 10m × 10m 永久点柱的采空区治理与矿柱回采方案。该矿山的工程实践证实该方案是经济、合理的，FLAC3D 数值模拟程序可在采空区的稳定性分析中提供科学依据。李明、郑怀昌等人针对贾庄石膏矿拟处理采空区的分布状态及存在问题，在矿岩物理力学试验的基础上，运用 FLAC3D 数值模拟软件对采空区稳定性分几种情况进行了定量计算，对平邑县贾庄石膏矿采空区稳定性状况进行模拟，得到了采空区围岩的应力应变分布规律，并对采空区稳定性进行了分析和评价。

张晓君等人用岩石破裂过程软件 RFPA 对采空区中的顶板、矿柱稳定性进行了模拟研究，张晓君运用岩石破裂过程分析 RFPA2D 系统，对采空区顶板大面积冒落过程进行了数值模拟研究，并对不同的顶板、底板和矿柱岩性对采空区的破坏过程进行了数值模拟研究，模拟结果再现了采空区从变形到破坏的全过程，并从应力分布角度分析了整个采空区的破坏规律。南世卿运用 RFPA 进行建模，研究了地下开采对露天境界顶柱受力和变形情况，分析了境界顶柱的稳定性。李宏将矿柱视为非均匀弹塑性材料，采用 RFPA 分析软件，对矿柱的弹塑性破裂过程进行了数值模拟研究，再现了矿柱从微破裂产生到宏观裂纹形成、最后产生失稳破坏的全过程，并统计了平均强度与极限承载力的关系。

张娇采用 Plaxis 3DTunnel 建立三维数值模型，并对其不同开挖顺序的开挖过程地压活动规律和围岩稳定性进行数值模拟，揭示了采空区不同开挖阶段应力的集中部位和围岩的潜在破坏部位。钟刚、唐有德采用三维弹塑性有限元数值分析软件 3D‑SIGMA 软件对具体矿山进行了模拟，其中钟刚对平水铜矿井下采空区进行了数值分析，考虑岩体变形的非线性及其塑性屈服对应力应变的影响。此外，李一帆等人利用基于离散单元法的数值软件 UDEC 对实际工程采空区稳定性做了模拟研究。

1.6 采空区处理技术

在采空区治理上，国内外矿山处理方法大致形成了"崩、封、撑、充"几种方式，其中"封"是"崩、撑、充"的前期措施。常用的积极处理方法是充填法和崩落法，封闭隔离以及支撑加固围岩是被动处理方法，必要时可以联合采取上述几种方法，确保安全。

1.6.1 崩落围岩处理采空区

崩落围岩处理采空区的特点是用崩落围岩充填采空区并形成缓冲保护垫层，以防止采空区内大量岩石突然冒落所造成的危害。崩落围岩处理采空区的适用条件是：

（1）地表允许崩落，地表崩落后对矿区及农业生产无害。

（2）采空区上方预计崩落的范围内，其矿柱已回采完毕，井巷设施等已不再使用并已撤除。

（3）围岩稳定性较差。

（4）适用于大体积连续采空区的处理。

（5）适用于低品位、价值不高的矿体采空区的处理。

采用崩落围岩处理采空区，能及时消除空场，防止应力过分集中和大规模的地压活动，并且可以简化处理工艺，提高劳动生产率。该法已为国内矿山广泛使用。

　　根据崩落形式的不同，崩落法处理采空区可分为三种，即岩石自然崩落消空法、地表强制崩落消空法和井下崩落矿柱消空法。铜官山铜矿用药室爆破强制崩落围岩处理采空区。采用在矿体上盘布置药室，局部辅以深孔爆破强制崩落围岩处理采空区。实践表明，该矿及时处理采空区，对保证下部安全生产有明显效果。铁山龚钨矿崩落夹壁处理采空区，为给下部开采创造良好条件，将上部阶段留矿法开采的矿块顶底柱及采空区之间夹壁采用深孔强制崩落，崩落夹壁的深孔采用水平扇形、垂直扇形、水平平行、垂直平行等四种形式，用YQ－100型钻机凿岩，集中爆破，炮孔直径100~110mm，孔深10~20m。

1.6.2　用充填料充填处理采空区

　　用充填料充填处理采空区是从坑内外通过车辆运输或管道输送方式将废石或湿式充填材料送入采空区，把采空区充填密实以消除采空区的一种方法。用充填料充填采空区的作用在于，充填体支撑采空区，控制地压活动；减少矿体上部地表下沉量；防止矿岩内因火灾的发生。

　　用充填法处理采空区，一方面要求对采空区或采空区群的位置、大小以及与相邻采空区的所有通道了解清楚，以便对采空区进行封闭，加设隔离墙，进行充填脱水或防止充填料流失；另一方面，采空区中必须有钻孔、巷道或天井相通，以便充填料能直接进入采空区，达到密实充填采空区的目的。充填法处理采空区，一般用于围岩稳固性较差、上部矿体或矿体上部的地表需要保护、矿岩会发生内因火灾，以及稀有、贵重金属、高品位的矿体开采等情况。

　　充填处理采空区可分干式充填和湿式充填两种：

　　（1）干式充填处理采空区。在我国有色矿山中，干式充填处理采空区大多用于矿体规模不大的中小矿山及老矿山。这种方法劳动强度大，作业条件差，充填效率低，但其方法简单易行而且投资少。采用这种方法的有澳大利亚芒特艾萨铜铅锌矿，中国的漂塘钨矿、大厂矿务局长坡锡矿等。干式充填可利用矿山井巷、采空区以及矿山现有设备完善充填系统。充填料有井下废石、选厂废石以及地面废石堆。

重介质选出的废石做充填料是比较好的。干式充填简单易行，但干式充填处理采空区必须有完善的充填系统，并且要注意充填接顶。有些矿山会因充填欠账，空顶时间过长，充填还未结束，充填系统的井巷就已破坏，严重影响采空区处理的质量。

（2）湿式充填处理采空区。湿式充填处理采空区目前应用比较广泛。根据充填料的不同，又可分为混凝土胶结充填、尾砂胶结充填、水砂充填等。湿式充填流动性好，但需一整套充填输送系统和设施，胶结充填成本高，投资大。这种方法在上部矿体和矿体上部地表需保护以及品位高或矿岩自燃的有色矿山使用较多，如前苏联的乌姆博泽罗矿、西林铅锌矿等。

由此可见，充填法用于采空区处理，具有效果好、见效快、充填密实等优点；但充填法也存在施工难度大、成本高、作业安全性差等缺点。利用尾砂胶结充填体回填采空区，需要考虑的一个主要因素就是充填体的配比和强度问题。刘志祥等对充填体在不同配比下的力学性质和分形特征进行了大量的研究，同时将此研究成果应用于开阳磷矿，取得了显著的经济效益，确保了安全生产。红透山铜矿用低强度尾砂胶结充填料充填采空区，证实了充填对减缓岩移的有效作用。金铃铁矿废石或碎石水力充填处理采空区，实践表明，碎石水力充填的充填效率高，接顶容易，充填体的沉降率小。车江铜矿尾砂充填处理采空区，用全自流和砂泵扬送两种输送方式，两个充填系统布置了8个钻孔，担负3个矿体，走向长3500m的充填范围，充填效果表面，1号矿体采空区未充填前，顶板冒落面积1.6万平方米，地表影响范围2.68万平方米，采空区充填后，地表稳定，恢复了稻田等种植。

1.6.3　留永久矿柱或构筑人工石柱处理采空区

留永久矿柱或构筑人工石柱处理采空区，一般用于缓倾斜薄至中厚以下的矿体，用房柱法、全面法回采，顶板相对稳定，地表允许冒落的矿山。国内有些有色矿山用这种方法处理采空区已取得一定成效，如贵州省的一些汞矿、广西泗顶铅锌矿、大厂矿务局长坡锡矿等既采用这种方法处理采空区。用矿体支撑采空区，在矿柱量不多的情况下，不仅在回采过程中能做到安全生产，而且在回采结束后采空区仍不垮落，达到支撑采空区的目的。其关键是矿岩条件好，矿柱选留恰当，连续的采空区面积不太大。但也有一些用矿柱支撑采空区的矿山，随着时间的推移和采空区暴露面积的增大会出现大的地压活动危及矿山安全。因此，决定用矿柱支撑处理采空区时，必须认真研究岩体力学、地质构造情况，以便得到合理的矿柱尺寸并预测地压情况。

1.6.4　联合法处理采空区

联合法处理采空区是指在一个采空区内同时采用两种或两种以上方法进行处理来共同达到消除采空区隐患这一目的。由于采空区赋存条件各异，生产状况不一，有些采空区内采用一种采空区处理方法又满足不了生产的需要，从而产生了联合法处理采空区。目前，联合法处理采空区的方法有矿柱支撑与充填法联合、封闭隔离与崩落围岩联合等。我国有色矿山使用联合法处理采空区已有多年，应用的矿山有盘古山钨矿、牟定铜矿等。

1.7　采空区充填体与围岩作用机理

胶结充填体对围岩的作用机理比较复杂，于学馥教授通过对充填作用机理研究得出：开挖过程中，充填物进入开挖空间，通过充填体的应力吸收与转移、接触支撑和应力隔离三种作用，在较短时间和较小范围之内，减缓开挖的影响，迅速形成新的矿山结构再平衡体系：

（1）应力吸收与转移作用。充填体进入采空区，开始改变不稳定系统平衡，并有部分地应力逐渐转移到充填体之中，使充填体承受力的作用。同时受到开挖步骤、采充循环、施工顺序等开挖影响，并遵循开挖效应规律而发展。

（2）接触支撑作用。开挖使原岩体中一部分应力转移到充填体中，从而使充填体受力；同时充填体接触围岩并提供侧压力，调整能量释放速度和提高地下结构抵抗破坏能力。这就阻碍和限制了围岩变形的自由发展和冒落，防止采空区的大规模冒落。

（3）应力隔离作用。充填体与矿柱之不同，在于矿柱在开挖之前已经承受了地应力的作用。此外，它又是应力转移的集中区，有较大的应力集中，以至于破坏。充填体是在开挖之后充入采场空间的，在以后的回采过程中虽然受到开挖影响，并有应力转移进去，但毕竟它的刚度小于矿柱，吸收和转移来的地应力不大，而且随着充填距离的远离越来越小。

澳大利亚的 B. H. G. Brady 和英国的 E. T. Brown 提出表面支护、局部支护和总体支护三种充填机理：

（1）表面支护作用：通过对采场边界关键块体的位移施加运动约束，充填体可以防止在低应力条件下近场岩体在空间上渐进破坏。

（2）局部支护作用：由邻近的采矿活动引起的采场帮壁岩体的准连续性刚体位移，使得充填体发挥被动抗体的作用。作用在充填体与岩体交界面上的支护压力允许在采场周边产生很高的局部应力梯度。并且已证明，小的表面载荷对摩擦型介质中的屈服区范围可能产生重大的影响。

（3）总体支护作用：如果充填体受到适当的约束，它在矿山结构中可以起到一种总体支护构件的作用。也就是说，在岩体与充填体交界面上采矿所诱导的位移将引起充填体的变形，而这类变形又导致了整个矿山近场区域中应力状态的降低。

邓代强等认为，充填体对围岩的作用主要是支撑、让压和阻止围岩的位移。充填体在采场内属于被动支护结构，它不能对围岩或矿柱施加主动应力，受到挤压时其体积变小，疏松的初始结构不断被压缩而变得致密，达到一定程度时可承受较大的压力。充填体借助于围岩或矿柱的变形而被动受力，以被动反作用的形式作用于围岩或矿柱，从而达到控制地下采场地压、维护采场结构稳定的目的。采空区在开挖过程和形成后，原岩应力不断重新分布直至趋于平衡，此时围岩表层局部区域内产生了弱化，充填料浆充入后不断进入弱化区域的裂缝或开口中，并逐渐沉降固结，侧限增强，弱面处于尾砂胶结体的包裹之中，弱化区表面处的残余强度得到提高，围岩特性得到改善。

充填体变形的分析表明，早期充填的充填体部分经历了一段强载荷加载的时刻，V. M. Seryakov 认为，充填体和围岩受力状态分析应考虑充填体形成过程的受力分析，同时实验表明，充填体水力传导具有时间依赖特性。

根据拱效应理论，在充填体与围岩之间摩擦力作用下，充填体部分承重会转移到围岩，使充填体上承受载荷变小。充填体和围岩作用机理研究表明，剪切强度参数和充填体－围岩接触面特性对养护期存有依赖性，正常载荷对其存在显著影响。

K. X. Hu 运用断裂力学相关理论对岩体与充填体之间的力学机理进行研究，并对充填效果进行了数值分析。结果表明，采空区充填是地压控制的有效方式，充填材料力学特性和岩体弱面性质决定了采空区充填的效果。

E. T. Brown 得出岩移活动规律：矿体开挖后，围岩侧向临空面首先发生小规模片落，从而使整体围岩失去应力平衡，最终导致大规模岩移，而并非突发性产生整体剪切式的破坏移动。相邻矿房开采过程中，充填体由于剪切，内部发生滑移而垮落。若表层围岩没有破坏，岩体自身承载性能得以维持，就不会失稳。充填体可维持岩体表层的完整，使其破坏不向纵深发展，是以施加固压的方式维持了原岩的完整性，调动原岩自承能力支撑地压，并非靠自身强度硬性抵抗围岩活动，即充填体只能改善围岩应力状态，限制围岩移动的量值，减小其规模。

无论充填体的力学指标高于或低于围岩，都不能完全阻止围岩移动和完全避免由于围岩移动引发的地压活动。主要原因是：从岩体开挖到充填并达到设计强度有一个时间过程；充填体围岩之间的空隙（一般不能完全接顶）、充填体的沉缩性，都是岩移发生的充分条件。分析认为，工作面顶板下沉主要发生在顶板暴露到充填体产生早期支撑强度这段时间，随充填体强度增大，顶板下沉得到有效控制；此外，充填接顶率与采空区顶板岩层最大应力强度之间呈线性关系，在充填接顶率达到50%以上时，可基本保证顶板的稳定。

1.8 采空区充填体强度分析

对充填体抗压强度等力学性能的研究对于胶结充填的合理设计，安全、有效地分析胶结充填体结构的稳定性具有重要的意义，其主要研究方面包括：

（1）通过大量的抗压实验研究胶结充填体应力－应变特性。

（2）研究胶结充填体养护期及其围压对应力－应变特性的影响。

（3）胶结充填体组分对应力 - 应变特性的影响。

对于采空区充填体的力学指标一味强调提高，无论从工程稳定性或经济性上来说都有不合理之处。胶结充填体强度设计应至少满足其抗压强度能支撑围岩与其达到平衡状态的卸压值，并且还应具有一定的自立稳定性，应从多方面考虑，全面分析影响因素，综合考虑材料组成，优化物料配比，既达到工程强度需求，又能降低充填成本。

邓代强针对高浓度水泥尾砂充填体进行力学性能研究，通过分析不同配比、不同浓度、不同龄期的混凝土充填体的单轴抗压强度，指出当充填体达到较长的龄期、试件内部化学作用及力学性能趋于稳定时，各主要和次要因素对充填体强度的影响效果将趋于稳定；充填体强度与尾砂的物理化学性质存在密切关系，其强度在一定程度上受到尾砂物理化学性质的影响。

影响尾砂充填体强度的因素中作为胶凝材料的水泥含量对尾砂胶结充填体抗压和抗剪强度影响程度的敏感性最大，其次是养护时间，而当浓度增大到一定程度时，浓度对抗压强度影响很小。

M. Fall 等探讨了充填体中硫酸盐含量对充填体强度的影响。研究表明，硫酸盐显著影响充填体强度，这种影响与其浓度、固化时间、水泥数量和化学组成有关；矿渣基胶凝剂具有高硫酸盐含量，显示出优良的孔隙率和最高强度。

1.9 小结

采空区稳定性评判是一种受多种因素影响制约的复杂问题，需要从采空区的具体形态、空间位置分布、矿区地质特征、采空区环境等方面来综合考虑，这就需要运用多种理论综合分析采空区的稳定性状态。本章通过查阅国内外相关文献，对采空区危害、采空区探测监测技术、采空区稳定性理论、采空区处理技术、采空区充填与围岩作用机理等方面进行了综合评述，为采空区实测、采空区稳定性评判及采空区治理研究奠定了基础。

2 基于实测的数值计算模型构建方法

2.1 采空区井下 CMS 探测

2.1.1 CMS 设备简介

CMS 是加拿大 Noranda 技术中心和 Optech 系统公司共同研制的特殊三维激光扫描仪，其功能是采集空间数据信息（三维坐标 X、Y、Z），对于人员无法进入的溶洞、矿山采空区等，可用此设备扫测采空区内部数据，为矿山采掘规划、生产安全提供决策所需数据，既能辅助消减安全隐患，也可辅助减少矿体浪费。CMS 是 Cavity Monitoring System 的简称，直译为洞穴监测系统；也可理解为是 Contral Measure System 的缩写，意即控制事态测量系统。CMS 由激光测距、角度传感器、精密电机、计算模块、附属组件等构成。

CMS 系统包括硬件和软件两个部分，硬件的基本配置包括激光扫描头、坚固轻便的碳素支撑杆、手持式控制器和带有内藏式数据记录器与 CPU 及电池的控制箱，如图 2-1 所示。

软件系统主要包括 CMS 控制器自带的数据处理程序和 QVOL 软件，通过系统自带的软件可以对探测到的数据进行初步处理和成像，如图 2-2 所示。QVOL 软件具有友好的界面和简单的操作，能够实现采空区的可视化，并对采空区实施剖面，计算采空区的体积和断面面积，为后面的采空区处理打下了基础。系统测得的数据格式为 *.txt 文本，通过系统自带的数据转换程序可以将数据文件转换为 *.dxf 和 *.xyz 文件，导入到 3Dmine 或者 Surpac 等 3D 建模软件中进行更为清晰的可视化处理。

2.1.2 CMS 测量原理

CMS 内置激光测距、精密电机、角度传感器、补偿系统、CPU

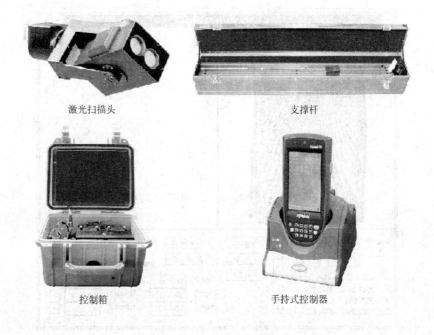

激光扫描头　　　　　　　　支撑杆

控制箱　　　　　　　　手持式控制器

图 2-1　CMS 硬件系统示意图

等模块，仪器在开始工作之前，会依据补偿器自动设定初始位置，根据电机步进角度值和激光测距值，确定出目标点位置信息。系统自动默认仪器中心位置坐标为 (0, 0, 0)，依据式 2-1 计算出目标点位信息，再根据起算数据平移、旋转，把目标点位置数据换算至用户坐标系统。

$$\begin{cases} X = SD\cos\alpha \\ Y = SD\sin\alpha \\ Z = SD\tan\beta \end{cases} \qquad (2-1)$$

式中　X, Y, Z——未经转换的目标点三维坐标；

　　　　SD——激光所测距离；

　　　　α——CMS 水平电机步进角度值；

　　　　β——CMS 纵向电机步进角度值。

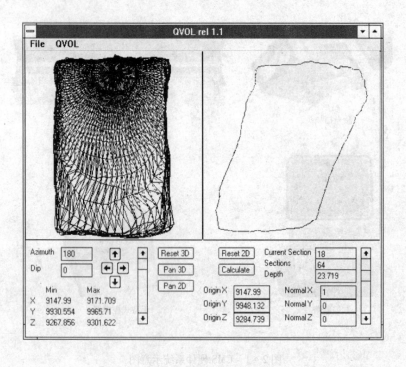

图 2 - 2　QVOL 软件操作界面

$$\begin{cases} X_n = X_0 \cos\theta \\ Y_n = Y_0 \sin\theta \\ Z_n = Z_0 + Z \end{cases} \qquad (2-2)$$

式中　X_n, Y_n, Z_n——转换为用户坐标系后的采空区内各点坐标；

　　　　X_0, Y_0, Z_0——CMS 中心点在用户坐标系中的位置数据；

　　　　　　θ——CMS 初始化后初始方位与用户坐标系中北方
　　　　　　　　位夹角。

CMS 在进行测量时，激光扫描头伸入采空区后做 360°的旋转并连续收集距离和角度数据。每完成一次 360°的扫描后，扫描头将自动地按照操作人员事先设定的角度抬高其仰角进行新一轮的扫描，收集更大旋转环上点的数据。如此反复，直至完成全部的探测工作。工作原理如图 2 - 3 所示。

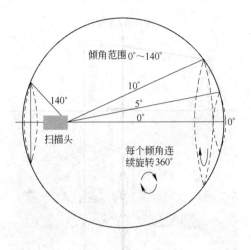

图 2 - 3　CMS 系统测量原理

2.1.3　CMS 使用步骤

　　为了适应不同工程项目需要，CMS 架设非常灵活，洞口只需要30cm 孔径，即可把 CMS 探入进去，扫测洞内情况。如果通视条件好，人员没有安全隐患，可用三脚架，扫测周边数据。如果要扫测下部的采空区，可用垂直插入包的组件，把 CMS 下垂至采空区，扫测到采空区内部点位数据，如图 2 - 4 所示。如果要扫测周边采空区，可以用竖直支撑杆使人员在安全区域操作，把 CMS 探入采空区，即可扫测到采空区内部点位数据。具体使用步骤如下：

　　（1）携带 CMS 仪器箱、电源箱及配置清单中第五、六项支撑杆、横杆等配件到作业场所。

　　（2）选好支撑杆架设位置，上端顶在硐室顶板，低端顶在硐室底板，压起重器撑实，确保顶紧。

　　（3）水平杆 A 穿出电源电缆，连上仪器，再视需要接 B、C、D、E 水平杆，放在水平托架上，前托后压。

　　（4）接通电源，进行初始化。

　　（5）用全站仪测 CMS 上部中心和水平杆上某点坐标。

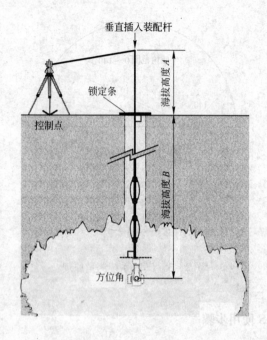

图 2-4　CMS 测量方法

（6）用控制手柄设定扫描参数，启动扫描采空区数据。

（7）扫测完毕后，仪器自动复位。如果还要用同样模式扫测近处的采空区，可拆开 B、C、D、E 水平杆，不退出、不断电搬站。

在扫描过程中，红外遥控用的 PDA 上会适时显示仪器工作状态、进度、点云图等信息。

2.1.4　CMS 数据处理

CMS 测量得到的数据格式为 *.txt 格式，需要经过处理才能进行下一步的工作，下面简单介绍一下数据的后处理。

（1）数据导入到电脑。在扫描完成后，将 PDA 与电脑连接，然后用 Microsoft ActiveSync 将 PDA 中的扫描成果，复制后粘贴到电脑中，即可完成数据下载的工作，如图 2-5 所示。

（2）测量数据后处理。双击桌面 CMSPosProcess，见图 2-6；在

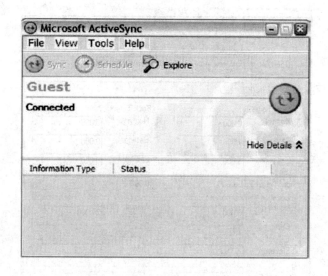

图 2 - 5　CMS 数据导入电脑

弹出的主界面中，点击"打开文件"选入需要进行数据转换的文件。可以将数据文件转换为 *.dxf 和 *.xyz 格式。

（3）输入测记好的仪器中心点和激光点（或杆上的点位）坐标数据、前视点到激光中心距离等参数，点击"转换为 *.dxf"和"转换 *.xyz"，则软件会将原始数据转换为用户需要的数据格式。

（4）把点云数据导入 3Dmine、Surpac 等软件中，作进一步处理分析，量算、建模等。

2.1.5　CMS 探测技术与地球物理探测的比较

与传统的地球物理勘探方法相比，CMS 设备在采空区探测方面有着不可比拟的优势。传统的地球物理勘探方法操作复杂困难，往往需要很多设备才能完成，探测费用高。在采空区探测时，所用设备往往受到周围环境的干扰，精确度受到了影响。地球物理勘探手段往往只能确定采空区大概的位置和形状，采空区的体积、内部的具体形态却不能得到，而在对采空区进行充填处理时，必须掌握采空区的体积

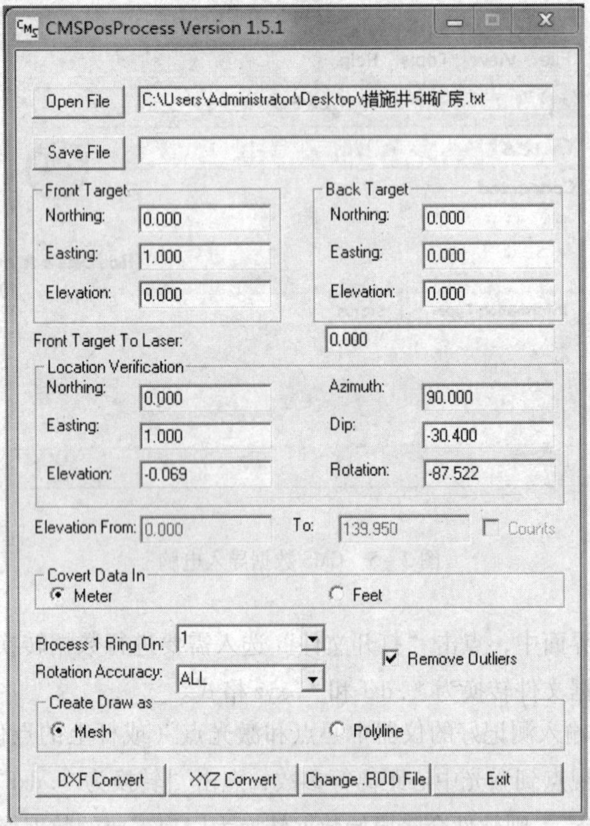

图 2 - 6   CMS 数据转换程序

和精确位置，所以，地球物理勘探手段得到的结果不能对采空区的处理产生实质性的作用。

CMS 采空区探测设备克服了地球物理探测的主要缺点，操作方法简单易懂，进行探测时，所需设备非常简便，易于携带。CMS 设备配有手持式控制器，与设备之间是通过无线传播，无需布线，抗干扰能力强。CMS 采空区探测技术的最大优点就是能够精确地探测出采空区的具体形态和体积，通过进一步的后处理，数据文件可以在 3Dmine 等三维建模软件中生成三维实体模型，增加了可视化。再进一步处理后还可以生成 FLAC 等数值计算软件所用的模型,进行更进一步的力学计算,对后续的采空区处理有着重要的参考价值。

2.2 采空区实体模型的构建

大型矿业三维软件 3Dmine 具有强大的三维建模能力,通过 3Dmine 软件的实体和块体建模功能,对 CMS 数据进行处理,生成采空区的实体和块体模型,为以后进行采空区稳定性分析提供基础,同时计算出采空区较精确的体积,为采用充填的方式处理采空区提供依据。

2.2.1 3Dmine 简介

3Dmine 矿业工程软件是一套重点服务于矿山地质、测量、采矿与技术管理工作的三维软件系统。这一系统可广泛应用于包括煤炭、金属、建材等固体矿产的地质勘探数据管理、矿床地质模型、构造模型、传统和现代地质储量计算、露天及地下矿山采矿设计、生产进度计划、露天境界优化及生产设施数据的三维可视化管理;可以与国内外流行的辅助设计软件 GIS 软件和矿业软件实现无缝兼容。3Dmine 具有以下 10 个基本特点:

(1) 二维和三维界面技术的完美整合;

(2) 结合 AutoCAD 通用技术,具有方便实用的右键功能;

(3) 支持选择集的概念,可快速编辑和提取相关信息;

(4) 集成国外同类软件的功能特点,操作步骤更为简单;

(5) 应用剪切板技术,可实现 Excel、Word 以及 TEXT 数据与图形的直接转换;

(6) 交互直观的斜坡道设计;

(7) 快速采掘带实体生成算法以及采掘量动态调整;

(8) 爆破结存量的计算和实方虚方的精确计算;

(9) 多种全站仪的数据导入;

(10) 兼容通用的矿业软件文件格式。

3Dmine 的主要功能模块如下:

(1) 三维可视化核心;

（2）勘探和炮孔数据库；

（3）地球物理、化学数据处理与异常图；

（4）矿山地质建模；

（5）地质储量估算（传统方法＋地质统计法）；

（6）剖面切制与数据提取；

（7）三维采矿设计（露天＋地下）；

（8）短期采掘计划编制；

（9）采空区实体模型的构建。

2.2.2 采空区三维实体模型的建立

3Dmine 软件具有建立三维实体模型的功能。将预处理后数据文件导入到软件中，删除自相交的三角形和无效边三角形，经过实体编辑，合并三角网为实体，随后通过实体验证就可以生成最终的实体模型。实体模型构建过程如图 2 - 7 所示。

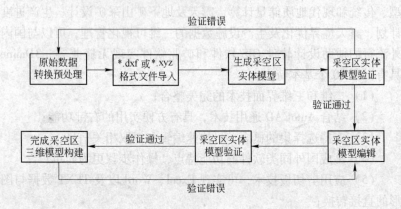

图 2 - 7 3Dmine 采空区实体模型构建流程

通过构建采空区三维实体模型就可以明确采空区之间的位置以及形状、边界等信息。

2.2.3 采空区三维块体模型的构建

3Dmine 软件中的块体模型功能主要是用来计算矿体的品味分布，

估算矿体的体积和储量，除了能在三维模型中直观显示之外，也可以形成报告文档。建立采空区块体模型，可以利用块体模型的体积估算功能估算较为准确的采空区体积，为后期采空区的充填做准备。

在 3Dmine 软件中建立采空区的块体模型，需要先建立采空区的实体模型，所建立的实体模型需要通过实体验证，作为块体的约束条件，在此基础上建立块体模型。

块体模型的建立流程如图 2 - 8 所示。

图 2 - 8　块体模型的建立流程

经过上述步骤建立起块体模型后，就可以进行体积计算，另外通过导出块体模型的质心坐标，可以与 FLAC 数值模拟计算软件结合，进行更进一步的力学分析。

2.3　构建 FLAC3D 数值计算模型

2.3.1　FLAC3D 简介

传统的有限差分法（Finite Difference Method）是计算机模拟最早采用的方法，至今仍被广泛运用。该方法将求解域划分为差分网格，用有限个网格节点代替连续的求解域。有限差分法以 Taylor 级数展开等方法，把控制方程中的导数用网格节点上的函数值的差商代替进行离散，从而建立以网格节点上的值为未知数的代数方程组。该方法是一种直接将微分问题变为代数问题的近似数值解法，数学概念直观，表达简单，是发展较早且比较成熟的数值方法。比较成熟的 FDM 软件有美国 ITASCA 公司的 FLAC 软件。

FLAC3D（Fast Lagrangian Analysis of Continua in 3 Dimensions）是美国明尼苏达 Itasca 软件公司编制开发的三维显式有限差分程序。它是二维应用程序 FLAC 应用软件的拓展，可以模拟土质、岩石或其他材料的三维力学行为，可以精确地模拟屈服、塑性流动、软化直至破坏的整个过程，尤其适用于软弱介质材料的弹塑性分析、大变形分析以及施工过程模拟，并且可以在初始模型中加入诸如断裂、节理构造等地质因素。

三维有限差分程序是专为岩土开挖、采矿、地质工程而开发的，该软件主要适用于模拟计算岩土体材料的力学行为及岩土材料达到屈服极限后的力学行为，在国内外得到广泛验证和应用。

FLAC3D 在求解过程中采用了以下三种方法：

（1）离散模型法：连续介质被离散为若干互相连接的四节点单元，作用力均被集中在节点上。

（2）有限差分法：变量关于空间和时间的一阶导数均采用有限差分来近似。

（3）动态松弛法：应用质点运动方程求解，通过阻尼使系统衰减至平衡状态。

FLAC3D 程序可用于下列采矿工程问题的研究：

（1）边坡稳定和基础设计中的承载能力及变形分析。

（2）矿山巷道等地下工程的变形与破坏分析。

（3）矿山等地下工程衬砌、岩石锚杆、锚索、土钉等支护结构的分析。

（4）采矿工程中的动力作用与振动分析。

2.3.2　地表及整体数值计算模型的建立

通过软件生成的实体表面网格就是根据已设定好的坐标步距对实体的表面进行平均的划分，由于只是表面网格的划分，因此只需设定 X 和 Y 方向的步距即可，地表实体表面的高程点坐标系统会自动赋给对应的点。也就是在地表的实体表面生成了若干矩形单元格，输出文件中包括每个点的 X、Y 和高程点。

通过实体工具得到的实体表面网格点将地表分成了大小等均的矩形，这与 FLAC3D 中的六面体单元很类似，在建立整体的数值模型的时候，将地表网格点的高程点作为六面体 Z 值上限，通过不断的循环即可建立。

建模之前，首先要将地表表面的网格点进行分组，可以以 X 坐标为标度，也可以以 Y 坐标为标度，在 FLAC3D 中建立包含 X 或 Y 与高程点的表格。然后利用 FLAC3D 编制循环程序，根据 X 坐标或者 Y 坐标不断读取已建表格中对应的高程点，沿着 X 轴或者 Y 轴以此建立网格，选取六面体作为基本网格，表格中的高程点为六面体网格点的 Z 值上限，每读取一次就建立了地表实体网格中的一个小矩形，这样不停地循环下去，直至循环终止，模型建立完成。

整体模型建立的时候，先设定 X 和 Y 方向的网格大小，Z 方向的网格大小根据地表的高程点不同而不均匀分布。

2.3.3　矿体和采空区数值计算模型的建立

2.3.3.1　3Dmine 软件可视化网格

数值建模时可采用多边形网格来描述地质体和开采过程所形成的形体边界。3Dmine 软件可以在建立实体模型后进行块体建模。块体建模是通过八叉树法来实现的。即在三维实体空间区域划分，不断地分解为 8 个同样大小的有一种或者多种属性的三维网格。在遇到属性不同的岩体边界时，若网格过大，网格就不断细分，一直到同一区域的属性单一为止。通过不断细分的方式，在形体上就可以模拟出地质体的边界，同时该网格也就包含了所处空间位置的岩石性质。于是，在多介质复杂条件下，建立完全反映地质结构以及岩性在空间上分布的、具有精确地质信息的三维地质模型通过该方式得到解决。

2.3.3.2　FLAC3D 数值计算网格

FLAC3D 在计算求解中将连续介质离散为若干个六面体单元。在建模时，为了较快地建立计算模型，FLAC3D 软件为用户提供了 12 种初始单元网格模型，即：Brick、Degenerate brick、Wedge、Tetrahedron 等。控制初始单元模型的变量由三部分构成：

（1）角点变量：控制并生成不同形状的初始单元网格模型，每个角点是三维空间中的任一点，其空间位置由对应的坐标 X、Y、Z 确定，表示为 $P(X, Y, Z)$。它的多少直接影响初始单元网格的形状。

（2）细分单元变量：控制初始单元网格模型中的剖分单元数目，由于是在三维空间上建模，因此变量的数目一般为 3~6 个。

（3）内部形状变量：控制材料体内部工程的形状和相对尺寸。针对地下工程中不同的开挖形态，用不同数目的变量来控制。

运用这些初始单元网格模型，以及 FLAC3D 二次开发语言 Fish，能较快速地建立规则的三维地质模型。然而，对建立较复杂的地质体模型，如多介质非水平层状的地质体、地形起伏大的地质计算模型时，FLAC3D 处理起来相当困难。这也是三维数值模拟中普遍存在的一个难题。

2.3.3.3　3Dmine 与 FLAC3D 数据文件的格式

3Dmine 三维岩体的块体模型采用六面体对岩体的实体模型进行三维剖分。剖分后的块体模型能输出后缀为 . str 的文件。该文件的格式如下：

（1）标题信息。

（2）每个单元块的中心点坐标（float），单元块各边长度（int），该单元块所在矿房、矿柱或围岩编号（ini）、岩性（char）。

从数据文件包含的内容可以看出，该数据文件实际上已经囊括了该单元块所在位置的所有地质信息。导出模型质心文件为 Excel 文件，其格式见表 2 - 1。

表 2 -1　3Dmine 软件导出文件格式

X	Y	Z
SIZE(X)	SIZE(Y)	SIZE(Z)

表 2 -1 中所列的是 SURPAC 块体模型中每一个单元的信息，单元形状为规则六面体，其中 X、Y、Z 为单元质心坐标；SIZE(X)，SIZE(Y)，SIZE(Z) 分别为六面体单元的三边长。

FLAC3D 前处理数据文件格式为 *. dat 或者 *. txt 文本文件。在该文件中包括了模型定义、单元划分、单元分组情况等前处理内容。

前处理数据文件中对模型定义、格网剖分和单元分组的定义语句如下
（其中 n 为节点号，m 为单元号）：

Gn xo,yo,zo

ZB8m,n0,n1,n2,n3,n4,n5,n6,n7,n8

ZGROUP 组名

m···

图 2 - 9 为 FLAC3D 中规则六面体单元，其中 p0 ~ p7 为节点
顺序。

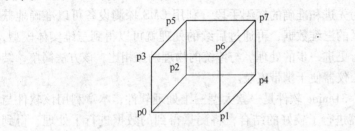

图 2 - 9　FLAC3D 中规则六面体单元

3Dmine 中构成块体模型的基本单元仅有规则六面体，且所定义
单元块的大小是 2 的倍数关系，符合 FLAC3D 中相邻单元合并节点的
要求，在模型导入后有利于网格间的连接。因此，可以 FLAC3D 中的
基本单元六面体为基础实现模型数据的转换。由于在 3Dmine 中单元
不存在节点顺序的问题，所以由 3Dmine 中规则六面体单元质心点坐
标、单元大小，并结合图 2 - 9 所示 FLAC3D 中六面体单元每一节点
位置即可算出 p0 ~ p7 节点的 X、Y、Z 坐标，实现模型单元数据的
转换。

2.3.3.4　模型的转换

根据上述原理，将 3Dmine 输出的数据文件中的有关数据转换成
FLAC3D 命令流文件中对应的数据流程如下：

（1）输出的文件中每个单元块的中心点坐标加上或减去该单元
块各边长度的一半得到六面体基本控制点 p0、p1、p2 和 p3 点的 X、
Y、Z 坐标。

（2）利用三个控制点分别建立分组，利用 GROUP 关键字建立分组时应注意要首先建立矿体的分组，然后再建立采空区的分组。

（3）整理形成可以被 FLAC3D 读取的命令流文件。

在已经建立各个分析区域整体数值模拟模型的基础上，读取矿体和采空区的分组命令流文件，即可得到最终的数值模拟分析模型。

2.4 小结

（1）目前对采空区的探测有多种手段，本章中所采用的 CMS 是一种较为先进和准确的探测手段，利用 CMS 探测设备可以准确地获得采空区的三维数据，再通过后续的处理就可以得到三维实体模型，并可进行更进一步的处理。与传统的物理勘探相比，该方法简单，结果准确，仪器便于携带安装。

（2）3Dmine 软件是一款大型三维处理软件，本章利用该软件与CMS 仪器进行了较好的结合，将测量得到的数据进行了处理，得到了采空区的三维实体模型，通过对三维实体模型的建立，可得到采空区详细的空间形态和相对空间位置，为后面的分析工作提供了便利；并可与矿区的开拓系统、地表模型进行复合，得到它们的空间关系，可以较直观地得到采空区对开拓系统和地表的影响，为后期开展采空区综合治理提供了基础数据资料。

3 采空区关键岩体稳定性评判

对于采用空场法开采而言，随着回采工作面的形成和推进，暴露的采场和采空区的数量不断增多，当暴露面达到一定面积后，就可能出现采场矿体、围岩和矿柱的变形、断裂、片帮、冒顶等灾害。采场顶板是采空区相对薄弱的部分，在采空区顶板结构参数超过其临界失稳参数时，就会发生采空区顶板崩落，改变原有采空区结构，形成围岩局部应力集中和岩体失稳，进一步会造成采空区相互贯通。

此时控制采场及采空区失稳关键就要分析采空区顶板的应力分布及顶板覆岩破坏规律，确定合理的采场顶板跨度和顶板安全厚度，这对采空区稳定性分析具有重要意义。

3.1 采空区顶板应力分布及覆岩破坏规律

3.1.1 顶板应力分区

根据应力分布，采场顶板应力分为 4 个区域，即拉应力区、压应力集中区、卸载区、压缩区，如图 3-1 所示，各区特点如下：

（1）拉应力区：拉应力分布在顶板岩体下表面，顶板中心位置

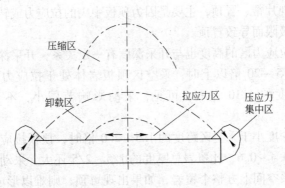

图 3-1 采空区顶板应力分区图

是拉应力集中区，也是极易发生顶板失稳的区域，如拉应力区有微裂隙时，在裂隙端部发生应力集中，则顶板岩层中的拉应力集中系数实际上会更大。岩石抗拉强度很低，尤其碎裂岩体更甚。因此，当顶板岩层中出现拉应力区时，该区域内的岩石极易发生失稳冒落，冒落范围与拉应力区影响范围密切相关。

（2）压应力集中区：由矿房侧壁承受采场顶板传递下来的压力形成，该区域岩体的压应力大于原岩应力。

（3）卸载区：该区水平应力 σ_x 和垂直应力 σ_y 均较开采前低，处于卸载区的岩体由于弹性恢复自重作用而向暴露空间移动，顶板岩层出现弯曲下沉变形，如果顶板为层状或碎裂岩体，于层间可能发生离层现象，碎裂岩块沿弱面滑动或松脱。

（4）压缩区：垂直应力 σ_y 降低而水平应力 σ_x 升高，实际上是起着引导原岩垂直应力向矿房侧壁传递的作用。

采用弹性力学来分析采场顶板应力分布时，一般假设：岩石为各向同性的均质弹性体；矿床走向长度较大，长度 L 与开采深度 H 之比大于 1.5；矿柱间距相等；将采场上部岩层视为顶板；上覆载荷均匀作用于顶板。

最大拉应力点位于顶板中央，其拉应力值随采空区跨度 l 的增大而增大，当顶板拉应力区有裂隙时，顶板岩体中实际拉应力将明显偏高；拉应力区的高度随采空区跨度的大小也不同，采空区跨度增大时，拉应力区高度也相对增大。在实际工程中，采场跨度过大或过小都可能出现片帮、冒顶，主要是因为顶板中央的拉应力或转角处的压应力增至极限而导致冒顶。

顶板拉应力区的高度也与开采深度有一定关系，开采深度为采空区跨度的 15 ~ 20 倍以上时，采空区顶板岩体处于拉应力的高度范围只有跨度的 1/10 左右，可见，采动影响范围小，不会危害到地表。

开采深度小于采空区跨度的 1.5 ~ 2.0 倍时，顶板拉应力区高度为跨度的 0.4 ~ 0.6，比覆岩总厚度的 1/5 ~ 2/5 还大。采动影响范围已涉及开采空间上方整个覆岩，如果出现冒顶，则难以形成平衡拱，有可能扩展至地表。

3.1.2 采空区顶板覆岩变形分布

采空区顶板覆岩变形破坏规律可呈冒落带、裂隙带和弯曲带分布，见图 3 - 2。

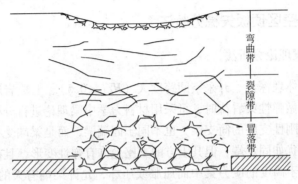

图 3 - 2 采场顶板覆岩变形示意图

（1）冒落带：位于采空区顶板上方岩层中，岩体由于受拉碎裂呈拱形冒落向上发展，冒落高度与采空区充填、岩体强度、采动影响范围、矿体厚度及矿岩碎胀性等有关，约为矿体厚度的 2~6 倍。

（2）裂隙带：主要是因岩体弯曲而产生近似水平的拉应力，两侧承受上覆岩体重力，所以岩体出现大量裂隙，若处于含水层，则水会沿着裂隙渗入采空区。水体下开采必须使采动形成的裂隙带位于不透水层下，即不破坏水系与矿体之间的不透水层方可进行开采。裂隙带的高度（包括冒落带高度在内）约为矿体厚度的 9~28 倍，其中软岩为采高的 9~12 倍，中硬岩层为 12~18 倍，坚硬岩层为 18~28 倍。

（3）弯曲带：从整体上看，弯曲带岩体只在重力作用下产生弯曲变形而不再破裂，仅在弯曲变形而出现拉应力的部位，产生一些随深度增加而逐渐闭合的张性裂隙，但如果该带内有构造断裂存在，岩层可能沿着构造断裂出现较大的移动，使井巷和建筑物受到破坏。弯曲带高度随岩性而异，一般当岩层脆而硬时，弯曲带高度约为裂隙带高度的 3~5 倍；岩体软而具有塑性时，约为裂隙带高度的数十倍。

当矿体埋深较大时，冒落带、裂隙带一般不会发展到地表，只在地表形成一个下沉盆地；若矿体埋藏浅，则会冒落到地表，形成塌陷坑，其范围随采空区的扩大或随倾斜矿体采空区向下延伸而间断地向外扩展。

3.2　采空区顶板失稳分析法

3.2.1　梁理论分析法

当矿体埋深浅、开采空间跨度大（$H/L < 0.5$）、上覆岩层整体性好、可当做弹性梁看待时，可采用材料力学中梁理论进行分析。但该梁不同于刚性支座的简支梁，也不同于固端梁，而是梁端受相邻岩体的约束，犹如固定端，但其下方的支座允许有弹性变形，且在顶板转角处常由于高度的应力集中而屈服或压坏，允许梁端有大的转动角。总之此梁更像简支梁，而且原岩应力作用也使它不同于单纯的横向受载梁。

3.2.1.1　D. F. 科次验算的弯曲梁顶板最大拉应力

D. F. 科次验算的弯曲梁顶板最大拉应力为：

$$\sigma_t = 0.6\left(\frac{l}{H}\right)^2 \gamma H - \gamma \lambda H \tag{3-1}$$

当最大拉应力达到顶板岩体抗拉强度时，顶板将在中部断裂跨落，因此，顶板的极限跨度为：

$$l_{max} = 1.29H[\sigma_c/(\gamma H) + \lambda]^{1/2} \tag{3-2}$$

式中　　λ——上覆岩层容重，N/m^3；

　　　　γ——原岩应力场侧压力系数；

　　　　H——上覆岩层厚度，m；

　　　　l——开采空间跨度，m；

　　　　σ_c——顶板岩体抗拉强度，MPa。

近水平岩层中开采矩形硐室后，随着顶板向采空区下沉，岩层间会出现离层现象。各层次生应力分布可近似采用梁理论，计算时分别取各层的厚度作为梁的高度，各层的重量为梁的自重载荷。分析可知，只要层厚小于该层悬露跨度的一半，就可能产生离层现象，同样可用固定端梁或简支梁计算顶板的极限跨度。

3.2.1.2　固定端梁理论

梁的高度 h 一般根据现场实际直接取为顶板的平均厚度，或者顶板岩体冒落的统计高度。当地表的最大拉应力出现在开采空间端部的垂直延长线上时，该拉应力 σ_t' 可近似估算为：

$$\sigma_t' = 0.5(l/H)^2 \gamma H$$

其中：

$$l_{max} = h[4\sigma_c/(\gamma H)]^{1/2}$$

式中的符号意义与式 3 - 2 中的相同。

3.2.1.3　简支梁理论分析

当矿体分上下临近的两层时，上层采完后，可以认为作用在下层矿体顶板（上、下层矿体之间的夹层）上的载荷，即为夹层的自重。由于回采期间，一旦矿柱跨度稍微偏大，跨度中心的顶板岩层在拉应力的作用下就会产生离层弯曲或破裂、冒落，因此，可以将简支梁模型推广到缓倾斜矿体开采的矿柱间距设计中，假设现场冒落的统计高度为岩梁高度，利用简支梁受力模型，根据材料力学的三弯矩方程可推导出顶板的最大允许跨度。

根据材料力学，把采空区顶板假设为两端简支岩梁受力模型，见图 3 - 3，可得到顶板岩梁中性轴上、下表面上任意一点的应力为：

$$\sigma(x) = \gamma \sin\alpha(2x - l)/2 \pm 3\gamma x(x - l)\cos\alpha/h \qquad (3 - 3)$$

式中　α——矿体倾角，（°）；

　　　l——岩梁跨度，m；

　　　h——岩梁高度，m；

　　　γ——岩体容重，$10^4 N \cdot m^{-3}$。

充分开采时，把采场顶板假设成一组简支岩梁，其受力分析见图 3 - 4。根据材料力学理论，可分别求出一次到多次静不定问题的采空区顶板岩梁最大拉应力。

最大拉应力发生在 $x = l/2 + h\tan\alpha/6$ 处顶板岩梁中性轴的下表

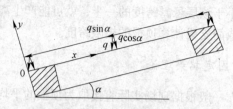

图 3 - 3　两端简支岩梁受力分析

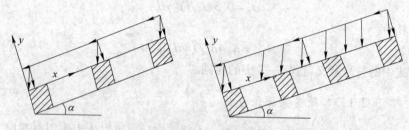

图 3 - 4　简支岩梁受力分析

面，见式 3 - 4：

$$\sigma_{\max} = 3\gamma l^2 \cos\alpha / (4h) - h\gamma \tan^2\alpha \cos\alpha / 12 \qquad (3-4)$$

因此，岩梁高度 h 结合生产实际，取为顶板冒落块体厚度的统计值，或平行或近似平行顶板层面的结构面赋存的厚度。

矿块布置沿矿体倾向布置，顶板处在极限跨度条件时，顶板岩梁中性轴下表面最大拉应力为：

$$\sigma_{\mathrm{qy},\max} = 3\gamma l_{\mathrm{qy}}^2 \cos\alpha / (4h) - h\gamma \tan^2\alpha \cos\alpha / 12 \qquad (3-5)$$

式中　l_{qy}——顶板沿倾向的极限跨度。

矿块布置沿矿体走向布置时，顶板处在极限跨度条件下，顶板岩梁中性轴下表面最大拉应力为：

$$\sigma_{\mathrm{sy},\max(\alpha=0)} = 3\gamma l_{\mathrm{sy}}^2 / (4h) \qquad (3-6)$$

式中　l_{sy}——顶板沿走向的极限跨度。

3.2.2　模型法分析

符洛赫和萨苏林 1981 年用模型试验法得出 $H/l = 2/5 \sim 4/3$ 的矿柱间距的计算公式。

（1）顶板极限跨度为：

$$l_{max} = 1.25H[\sigma_c/(\gamma H) + 0.0012k]^{0.6} \qquad (3-7)$$

考虑了开采深度 H 对拉应力集中系数 k 的影响，令 $k = |H-100|$。可按折减系数 $K = k_r e^{at}$ 计算顶板岩体的抗拉强度，即 $\sigma_c = K\sigma_{rock}$，$\sigma_{rock}$ 为岩石的抗拉强度（MPa）；k_r 为岩体的完整系数，裂隙不发育时取 0.5；a 为系数，介于 $-0.01 \sim 0.04$ 之间；t 为采空区暴露时间。

（2）悬臂状态下的顶板极限跨度为：

$$l_{max} = 0.435H[\sigma_c/(\gamma H) + 0.0026k]^{0.6}$$

H. A. 屠尔昌宁诺夫等研究表明，多裂隙岩体顶板极限跨度约为无裂隙岩体的 $0.6 \sim 0.7$ 倍。

3.2.3 板理论分析

假设顶板呈板状并与上覆岩层分开，顶板的载荷仅考虑板的自重，将采场顶板视为处于一定约束状态没有水平构造影响的顶板，冶金工业部安全环保研究院等根据板弯曲理论提出如下顶板极限跨度计算公式：

$$l_{max} = \{8\sigma_c HK_r/[3\gamma(1+K_p)K_t]\}^{0.5} \qquad (3-8)$$

式中，K_r、K_p、K_t 分别表示结构面的减弱系数、载荷系数、安全系数，取值范围分别为 $0.5 \sim 0.15$、$0.2 \sim 0.7$、$2 \sim 3$。该公式考虑的比较全面，适合在各种岩体情况下进行间距设计。但是应用起来比较复杂，尤其是各系数的确定。

3.2.4 载荷传递交汇线法

此法假定顶板载荷从顶板上表面中心，与顶板中心竖直线成 $30° \sim 35°$ 方向向下传导，当传导到顶板与采空区侧壁交线以外时，就认为采空区侧壁直接承受采空区顶板上覆岩体重力及顶板岩体自重，即认为顶板是安全的。原理如图 3-5 所示，设 β 为载荷传导线与采空区顶板中心线间的夹角。

采空区跨度计算公式如下：

$$L = 2h\tan\beta \qquad (3-9)$$

式中 L——采空区跨度，m；

h——采空区顶板安全厚度，m。

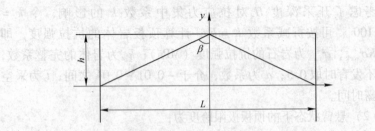

图 3 - 5 顶板荷载传递受力分析

使用该法，可得到采空区顶板跨度与采空区安全隔离层厚度之间的关系。

3.2.5 采空区厚跨比理论

该理论主要是看采空区安全隔离层厚度 H 与采空区的跨度 W 之比，当 $H/W \geq 0.5$ 时，则认为顶板是安全的，即：

$$H/(KW) \geq 0.5 \qquad (3-10)$$

式中 H——采空区安全隔离层厚度，m；

W——采空区的跨度，m；

K——安全系数，取值 $1 \sim 1.5$。

根据这一关系式引入安全系数 K，可得到不同安全系数下采空区跨度与采空区安全隔离层厚度的定量结果。

3.3 实测采空区顶板稳定性评判

该铁矿 -60 中段主要采用浅孔留矿采矿法进行回采，矿块布置方式多沿矿体走向布置，矿块布置结构参数见表 3 -1。

表 3 -1 矿块参数构成要素表

序 号	构成要素	单 位	矿块沿走向布置浅孔留矿采矿法
1	矿块长度	m	50
2	矿块宽度	m	28

序　号	构成要素	单　位	矿块沿走向布置浅孔留矿采矿法
3	中段高度	m	44
4	顶柱高度	m	6
5	底柱高度	m	8
6	间柱宽度	m	8

由莫尔-库仑强度准则得，岩石的单轴抗压强度 σ_c 与 c 和 φ 的关系为：

$$\sigma_c = \frac{2c\cos\varphi}{1-\sin\varphi} \qquad (3-11)$$

式中　σ_c——岩石的单轴抗压强度，MPa；

　　　c——岩石内聚力，MPa；

　　　φ——岩石内摩擦角，(°)。

根据所测该铁矿矿岩的物理力学数据，将 $c=2.38\text{MPa}$、$\varphi=46°$ 代入上式，可得岩石的单轴抗压强度 $\sigma_c=11.77\text{MPa}$。

根据 Hoek-Brown 经验方程，可知岩块与岩体破坏时主应力之间的关系为：

$$\sigma_1 = \sigma_3 + \sqrt{m\sigma_c\sigma_3 + s\sigma_c^2} \qquad (3-12)$$

式中　σ_1——岩石破坏时的最大主应力，MPa；

　　　σ_3——作用在岩石试样上的最小主应力，MPa；

　　　σ_c——岩块的单轴抗压强度，MPa；

　　　m,s——与岩体岩性及结构面情况有关的参数。

若 $\sigma_1=0$，可得岩体的单轴抗拉强度为：

$$\sigma_{mc} = \sigma_c(m - \sqrt{m^2+4s})/2 \qquad (3-13)$$

根据 Hoek-Brown 提出的岩体质量和经验常数，m 取最大值 25.0，s 取最大值 1.0，计算得出岩体单轴抗拉强度值 $\sigma_{mc}=0.470\text{MPa}$。

考虑到该铁矿矿块布置方式多数为沿走向布置矿块，根据式3-6可计算采空区顶板处在极限跨度条件下，顶板岩梁中性轴下表面的最大拉应力。

现取体积最大的 NCB - 3 采空区计算其顶板稳定性为例，首先在 3Dmine 软件中打开 NCB - 3 采空区的实体模型，通过将实体模型投影在平面的方法，结合采空区的形状，确定采空区的跨度 $L = 51.9m$ 和高度 $h = 37.5m$，将其代入式 3 - 4 得：顶板拉应力 σ_t 为 1.48MPa。计算得出 NCB - 3 采空区顶板所受的拉应力 $\sigma_t = 1.48MPa > \sigma_{mc} = 0.470MPa$，所以 NCB - 3 采空区顶板不稳定。同理可得，所测采空区顶板拉应力及稳定状况结果如表 3 - 2 所示。

表 3 - 2   采空区顶板拉应力及稳定状况表

采空区编号	采空区跨度/m	采空区高度/m	顶板拉应力/MPa	顶板抗拉强度/MPa	顶板稳定状况
BFZ - 2	38.670	31.520	0.975	0.470	不稳定
BFZ - 3	26.640	13.250	1.101	0.470	不稳定
BFZ - 6	47.100	18.400	2.478	0.470	不稳定
BFZ - 8	50.210	39.920	1.298	0.470	不稳定
BFZ - 9	44.800	45.290	0.911	0.470	不稳定
F18N - 10	30.440	17.660	1.078	0.470	不稳定
F18N - 12	16.720	12.450	0.461	0.470	较稳定
F18N - 13	19.560	13.220	0.595	0.470	不稳定
NCB - 1	39.230	37.700	0.839	0.470	不稳定
NCB - 3	51.900	37.500	1.476	0.470	不稳定
NCB - 10	23.880	30.250	0.387	0.470	稳定
NCB - 12	27.260	21.780	0.701	0.470	不稳定
NCB - 17	45.170	39.410	1.064	0.470	不稳定
NCB - 19	26.480	32.870	0.438	0.470	较稳定
DCJ - 1	33.0	24.0	0.194	0.470	稳定
DCJ - 2	24.0	30.0	0.148	0.470	稳定
DCJ - 3	27.0	24.0	0.132	0.470	稳定

根据载荷传递交汇线法确定理论的顶板跨度，通过与实际采空区顶板跨度作比较，可评判采空区顶板是否处于失稳状态，见表3-3。

表3-3 采空区顶板跨度及稳定状况表

采空区编号	采空区顶板跨度/m	理论顶板跨度/m	顶板稳定状况
BFZ-2	38.7	14.4	不稳定
BFZ-3	26.6	35.5	较稳定
BFZ-6	47.1	29.6	不稳定
BFZ-8	50.2	4.7	不稳定
F18N-10	30.4	30.4	较稳定
F18N-12	16.7	36.4	稳 定
F18N-13	19.6	35.5	稳 定
NCB-1	39.2	7.3	不稳定
NCB-3	51.9	7.5	不稳定
NCB-10	23.9	15.9	不稳定
NCB-12	27.3	25.7	不稳定
NCB-17	45.2	5.3	不稳定
NCB-19	26.5	12.9	不稳定
DCJ-1	33.0	23.1	不稳定
DCJ-2	24.0	16.2	不稳定
DCJ-3	27.0	23.1	不稳定

利用厚跨比法可确定采空区顶板理论计算厚度，表3-4中采空区顶板理论计算厚度是在安全系数$K=1$时的计算数据，通过与实测的顶板厚度作比较，可评判采空区顶板的稳定状态。

表3-4 采空区顶板厚度及稳定状况表

采空区编号	采空区顶板厚度/m	理论计算顶板厚度/m	顶板的稳定性情况（$K=1$）
BFZ-2	12.5	19.3	不稳定
BFZ-3	30.8	26.6	稳 定
BFZ-6	25.6	47.1	不稳定
BFZ-8	4.1	50.2	不稳定

采空区编号	采空区顶板厚度/m	理论计算顶板厚度/m	顶板的稳定性情况（$K=1$）
F18N - 10	26.3	30.4	不稳定
F18N - 12	31.6	16.7	稳　定
F18N - 13	30.8	19.6	稳　定
NCB - 1	6.3	39.2	不稳定
NCB - 3	6.5	51.9	不稳定
NCB - 10	13.8	23.9	不稳定
NCB - 12	22.2	27.3	不稳定
NCB - 17	4.6	45.2	不稳定
NCB - 19	11.1	26.5	不稳定
DCJ - 1	20.0	16.5	稳　定
DCJ - 2	14.0	12.0	较稳定
DCJ - 3	20.0	13.5	稳　定

由表 3 - 2 ~ 表 3 - 4 可知，根据简支梁理论，把采空区顶板跨度视为极限跨度计算顶板岩梁的拉应力，利用莫尔 - 库仑和 Hoek - Brown 理论估算顶板岩体的抗拉强度，得到采空区顶板岩梁拉应力超过顶板抗拉强度致使采空区失稳占到实测采空区的 76% 以上。

根据载荷传递交汇线理论确定采空区顶板跨度超过理论计算顶板跨度而导致采空区失稳占实测采空区的 87% 以上。

根据厚跨比理论得到采空区顶板厚度小于理论计算顶板厚度致使采空区失稳占实测采空区的 68% 以上。

通过应用三种理论，经过失稳采空区的逐一对比，得知采空区顶板失稳的重合度在 50% 以上，说明所测采空区顶板围岩至少有一半以上极易发生失稳冒落，需要及时对采空区顶板进行安全处理。

3.4　采空区矿柱稳定性评判

采用空场法开采时，矿柱主要支撑上覆岩体的压力并控制采场空区的跨度，所以对于矿柱结构参数的选择合理与否，与采场围岩稳定和矿山回采率直接相关。否则一旦矿柱被压垮，势必会造成上覆围岩压力的转移，就可能会造成相邻矿柱的破坏失稳。

矿柱自身形状及宽高比对于其自身应力的分布亦有不可忽视的影响，由于矿柱表层有一个低应力破裂区，故其中高应力承压区分布面积在矿柱全断面上所占的比例将视矿柱断面形状及尺寸不同而异。方形及不规则矿柱较小，带状矿柱较高，故后者较稳定。此外宽度大、高度小的矿柱，其矿柱中央部分多处于三轴应力状态，具有较高的抗压强度；而细高的矿柱中部可能出现横向水平应力，易于导致纵向劈裂。

矿柱的稳定性取决于两个基本方面：一是上下盘围岩施加在矿柱上的总载荷，以及在该载荷作用下矿柱内部的应力分布状况；二是矿柱具有的极限承载能力。从原则上来说，只要对这两方面进行原位测试，将测试结果做一对比即可判断矿柱的稳定性或确定矿柱的合理尺寸。不过对大量矿柱进行原位测试，大多数是不现实的，实际做法是应用理论计算分析各种条件下矿柱应力分布状况以及应力平均值，将结果与实验室小试块所得的矿石强度进行对比，由此判断矿柱的稳定性；理论计算与实际应力分布之间的偏差及小试块测试强度与矿柱实际强度之间的偏差，由安全系数，即矿柱强度与许用应力之比予以考虑。

矿柱在载荷作用下常见的破坏形式有贯通剪切破坏、横向膨胀及纵向劈裂、剪切剥离破坏，需要指出的是矿柱在外载荷达到极限值时虽然出现破坏，但并不立即丧失全部承载力，而是有两种发展结果，一种是矿柱破坏不再发展，继续保持稳定，若顶板载荷随顶板下沉变形而迅速降低，则矿柱屈服后仍可依靠残余强度支撑地压；另一种是矿柱破坏继续发展直至丧失稳定性，若顶板载荷随顶板下沉变化很小，矿柱屈服后的残余强度不足以支撑地压，即峰值强度之后的矿柱载荷压缩变形曲线低于顶板载荷压缩变形曲线，矿柱一旦屈服破裂后，必然一直发展至完全坍塌为止。

3.4.1　矿柱应力状态分布

光弹模拟试验表明了矿柱纵断面上不同高度处的横向应力分布，见图3-6。图3-6a表明矿柱纵断面上不同高度处的横向应力分布，

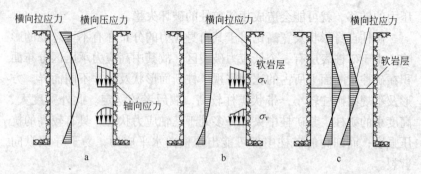

图 3 - 6　矿柱纵向及横向应力分布

该断面到矿柱中心线的距离为矿柱宽度的 1/8，该应力曲线表明，矿柱上下两端呈水平压缩、中间部位出现水平拉应力；图 3 - 6b 说明采空区顶板岩层有软弱夹层时矿柱上半部出现水平拉应力状况；图 3 - 6c 表明矿柱 1/2 高度处有软弱夹层时两个纵断面上的横向应力分布状况，此时矿柱中部出现较强的横向拉应力。

3.4.2　矿柱强度分析

矿柱平均应力按覆岩总重与面积承载假设进行计算，公式如下：

$$\sigma_{av} = Q/A_p = (A_m + A_p)\gamma h/A_p \qquad (3-14)$$

式中　Q——矿柱所受载荷，MN；

　　A_p，A_m——矿柱横截面积和矿房开采面积，m^2；

　　　γ——上覆岩体容重，$10^4 N \cdot m^{-3}$；

　　　h——开采深度，m。

矿柱在载荷作用下，常见的破坏形式有贯通剪切破坏、横向膨胀破坏及纵向劈裂、剪切剥离破坏。值得指出的是，矿柱在外载荷达到极限值时虽然出现破坏，但不会立即丧失全部承载能力。

Lunder 和 Pakalnis 于 1997 年在有效区域理论的基础上，充分考虑矿柱的"尺寸效应"和"形状效应"的影响，采用矿柱中心平均最小/最大主应力比来计算矿柱摩擦系数，结合二维边界元模拟分析得到矿柱平均强度关系式和实测数据库，考虑经典的岩体强度方法与经验方法，推导出了硬岩矿柱新的复合强度计算公式。根据矿柱强度公式，针对该铁矿的具体情况，对矿柱强度进行校核。

$$\begin{cases} P_s = 0.44U(0.68 + 0.52K_a) \\ K_a = \tan\{\arccos[(1 - C_p)/(1 + C_p)]\} \\ C_p = 0.46[\lg(b/H + 0.75)]^{1.4H/b} \end{cases} \quad (3-15)$$

式中　P_s——矿柱强度，MPa；

　　　U——完整岩样强度，MPa；

　　　K_a——矿柱的摩擦系数；

　　　C_p——矿柱的平均强度系数；

　　b，H——矿柱的宽度和高度，m。

矿柱的安全系数普遍采用下式来计算：

$$F_s = P_s/\sigma \quad (3-16)$$

式中　F_s——安全系数；

　　　σ——作用在矿柱上的应力，MPa。

根据该铁矿矿柱的具体情况，设计矿柱宽度 $W = 8\text{m}$，矿柱高度 $h = 44\text{m}$，则 $C_p = 1.59 \times 10^{-9}$，$K_a = 7.98 \times 10^5$，对于矿柱，岩石的单轴抗压强度 $\sigma_c = 11.77\text{MPa}$，则：$P_s = 0.44\sigma_c(0.68 + 0.52K_a) = 3.522\text{MPa}$，作用在矿柱上的应力 $\sigma = mg/S = 3.222\text{MPa}$，所以矿柱的安全系数为 $F_s = P_s/\sigma = 3.522/3.222 = 1.093 > 1$，所以设计矿柱强度是安全的。

3.5 基于实测采空区计算模型构建

数值模拟的关键是要准确掌握采空区的三维形态和空间位置，在三维激光探测系统（CMS）对采空区进行了实测基础上，运用 3Dmine 软件构建采空区、矿体等三维实体和块体模型，并通过将 3Dmine 与 FLAC3D 软件数据耦合构建数值计算模型，对采空区的稳定性进行模拟分析。

3.5.1 地表实体模型建立

将矿区地形地质图调入 3Dmine 中，隐藏或者删除一些无关的层仅留下等高线层，对同一高程的等高线拔高相同的高度，然后对等高线按高程分层，清除重复点，跨接后生成了地表实体模型。图 3 – 7a

为北区地表的三维实体图，地表最低标高为 -5m，地面最高标高为216m，位于措施井采区上方；图 3 - 7b 为南区地表的三维实体图，地面最低标高为24m，最高标高为244m。

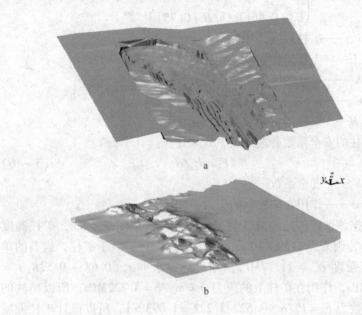

图 3 - 7　地表三维实体图

　　根据采空区的分布情况进行分区分析，根据采空区的分散程度、非法采空区的分布和计算机的实际计算能力，将已测采空区分为 5 部分进行分析，分别为：BFZ 采区 2 号、3 号、6 号、8 号和 9 号采空区以及非法采空区 fck17 号；NCB 采区的 1 号、3 号、17 号和 19 号采空区以及非法采空区 fck18 号；NCB 采区的 10 号、12 号采空区；DCJ 采区的 1 号、2 号和 3 号采空区以及非法采空区 fck22 号；F18N 采区的 10 号、12 号和 13 号采空区以及非法采空区 fck23 号。总计 21 个采空区，其中包括 4 个非法采空区。

　　因此在选取地表范围时，根据上述采空区的实际地理坐标，考虑数值模拟时边界离采空区的距离，一般情况下取开挖半径的 2 ~ 5 倍。因此取采空区离边界范围50m 左右，确定各个分区数值模型范围见

表 3 - 5。

表 3 - 5　数值模拟取值范围

分 析 区 域	X_{min}	X_{max}	Y_{min}	Y_{max}	Z_{min}	Z_{max}
(1)	3450	3600	6060	6360	-120	地表
(2)	3250	3500	5850	6070	-100	地表
(3)	3300	3550	5650	5800	-100	地表
(4)	3350	3500	5400	5600	-100	地表
(5)	3400	3600	5200	5450	-100	地表

注：表中坐标原点为 (20570000, 4450000, 0)。

根据表 3 - 5 中的地理坐标可以圈定各个地表的范围进行分析，以分析区域 (1) 为例构建地表三维实体图，如图 3 - 8 所示。

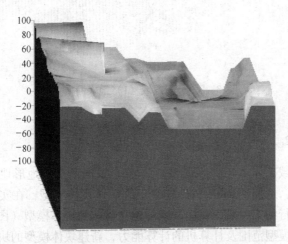

图 3 - 8　分析区域 (1) 地表三维实体模型图

3.5.2　计算模型的基础坐标数据提取

3.5.2.1　地表表面网格坐标提取

通过分析区域所对应的地表的实体模型，利用实体工具中的实体表面网格就可以得到每个区域地表的高程网格点坐标，考虑到采空区及地表范围大小，地表表面网格 X、Y 步距取值为 4m。以分析区域（1）为例进行说明，其他分析区域同理可得。图 3 - 9 所示为经过操作后得到的地表三维实体点图。将网格点导出到 Excel 中就可以得到地表的三维网格点坐标，如图 3 - 10 所示。

图 3 - 9　分析区域（1）地表网格点

3.5.2.2　矿体实体质心点的提取

本区域矿体主要矿体为 M1 和 M2，根据该铁矿地形地质图中的矿体界限，运用 3Dmine 软件建立三维矿体实体模型，在实体模型的基础上进行约束并赋予属性，就可建立矿体的块体模型（图 3 - 11）。

考虑模型范围及计算机的计算能力，新建块体模型的块体尺寸选为 4m × 4m × 4m，利用软件的导出质心点功能获得矿体的质心点坐标（图 3 - 12）。

3.5.2.3　采空区质心点的提取

采空区质心点的导出与矿体相同，图 3 - 13 和图 3 - 14 为分析区域（1）部分采空区实体及块体模型。

	A	B	C	D	E	F	G	H	I
1									
2	X	Y	Z						
3	20573254	4456030	115.316						
4	20573250	4456034	116.615						
5	20573258	4456030	114.717						
6	20573250	4456130	118						
7	20573250	4456122	118						
8	20573250	4456142	120.525						
9	20573250	4456126	118						
10	20573250	4456150	122.74						
11	20573250	4456090	129.265						
12	20573270	4456378	109.053						
13	20573262	4456378	111.909						
14	20573718	4456078	87.411						
15	20573646	4456030	85.776						
16	20573718	4456082	88.281						

图 3-10　分析区域（1）地表网格点坐标

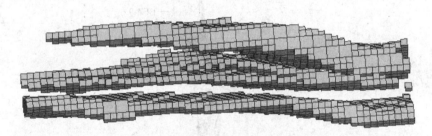

图 3-11　分析区域（1）矿体块体模型

3.5.3　三维数值计算模型的建立

3.5.3.1　地表及整体数值计算模型的建立

通过实体工具得到的实体表面网格点将地表分成了大小均等的矩形，这与 FLAC3D 中的规则六面体单元很类似。建模之前，首先要将地表表面的网格点进行分组，可以以 X 坐标为标度，也可以以 Y 坐

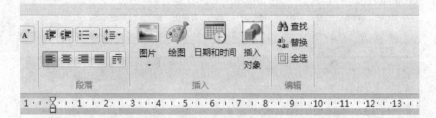

3DMine块体模型, 旋转角度0.0000
X	Y	Z	X长度	Y长度	Z长度	矿体
20573416.000,	4456016.000,	-54.000,	32.000,	32.000,	32.000,	,
20573408.000,	4456008.000,	-30.000,	16.000,	16.000,	16.000,	,
20573404.000,	4456004.000,	-18.000,	8.000,	8.000,	8.000,	,
20573402.000,	4456002.000,	-12.000,	4.000,	4.000,	4.000,	,
20573416.000,	4456048.000,	-54.000,	32.000,	32.000,	32.000,	,
20573408.000,	4456024.000,	-30.000,	16.000,	16.000,	16.000,	,

图 3 - 12 分析区域 (1) 矿体块体质心点坐标

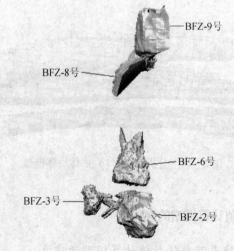

图 3 - 13 分析区域 (1) 采空区三维实体模型图

标为标度。

在 FLAC3D 中建立包含 X 或 Y 与高程点的表格, 且所定义单元

图 3 - 14 分析区域（1）采空区群块体模型图

块的大小是 2 的倍数关系，符合合并相邻单元节点的要求，导入模型后有利于网格间的连接；3Dmine 软件中基本单元不存在节点顺序问题，只表示规则六面体单元质心点坐标及单元边长度大小；FLAC3D 中基本单元的节点 p0 ~ p7 是有一定顺序的，所以根据两软件基本组成单元节点之间的关系，可实现模型单元数据的转换。

然后利用 FLAC3D 编制循环程序，根据 X 坐标或者 Y 坐标不断读取已建表格中对应的高程点，沿着 X 轴或者 Y 轴以此建立网格，选取六面体作为基本网格，表格中的高程点为六面体网格点的 Z 值上限，每读取一次就建立了地表实体网格中的一个小矩形，这样不停地循环下去，直至循环终止，模型建立完成。

整体模型建立的时候，X 和 Y 方向的网格大小均为 4m，Z 方向的网格大小根据地表的高程点不同而不均匀分布。由于本次采空区群分析的对象都集中在 -60m ~ -10m 水平，因此将此区域的网格 Z 方向进行加密，其他区域则可以适当稀疏一些。图 3 - 15 所示为分析区域（1）对应的整体的三维数值计算模型。

3.5.3.2 矿体和采空区计算模型构建

3Dmine 块体模型导出的质心点坐标文件包括每个基本组成单元块的中心点坐标、单元块各边长度、单元块岩性属性等数据，根据将坐标质心点数据转换成 FLAC3D 命令流文件中对应的数据流程，在分

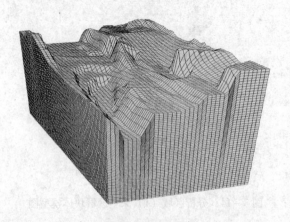

图 3 - 15   分析区域（1）三维数值计算模型图

析区域整体数值模拟模型的基础上，读取矿体和采空区的分组命令流
文件，即可得到最终的数值模拟分析计算模型，见图 3 - 16。

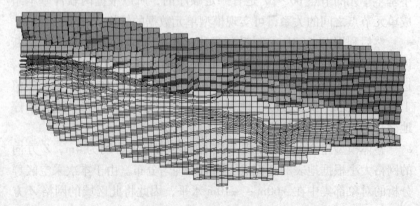

图 3 - 16   分析区域（1）矿体数值计算模型图

3.6   基于实测复杂采空区数值模拟分析

3.6.1   力学参数选取

岩体在漫长的地质历史中，经历了多次地质构造活动，导致了岩

体中产生了纵横交错的结构，这些因素很大程度上影响了围岩的力学参数，因此在对采空区进行数值分析时必须对围岩的力学实验数据进行折减，根据工程实践以及相关文献确定该铁矿岩体的折减系数，采用0.8的折减系数来确定岩体的弹性模量 E，采用1.0的折减系数计算岩体的泊松比。此矿山采空区顶、底板岩体比较单一，均为黑云母角闪斜长片麻岩，具体的物理力学参数见表3-6。

表3-6 矿岩物理力学参数

名　　称	块体密度 /g·cm^{-3}	抗压强度 /MPa	抗拉强度 /MPa	内聚力 /MPa	内摩擦角 /(°)	弹性模量 /GPa	泊松比
M1 矿体	3.58	99.44	4.64	1.72	41.11	8.03	0.21
M2 矿体	3.46	130.77	5.64	1.59	45.36	7.59	0.20
围　岩	2.74	141.58	6.18	2.38	46.82	6.98	0.26

3.6.2 初始应力场形成

由于进行数值模拟分析的采空区的埋深普遍都较浅，处在 $-60m$ 水平以上，属于较浅埋的工程，综合考虑最终选用弹性求解法来生成初始应力场。首先将材料的本构模型设置为弹性模型，求解生成初始应力场，然后再将材料的本构模型设置为弹塑性模型，在上部的基础上继续求解，最终得到了初始应力场。生成初始应力场时，模型的底部采用全约束，四个侧面也进行固定约束，地表作为自由面，只考虑岩体的自重应力场，图3-17为分析区域（1）生成的初始应力场和最大不平衡力历时图。

3.6.3 模拟结果分析

在 $-60m$ 水平采空区模拟模型建成后，应针对实际开采顺序进行模拟。矿山实际开采中，每个中段的采场是分次回采的，在时间上表现为不连续。综合考虑计算结果的准确性和计算工作量，在进行模拟计算时，为了便于对开挖的整个采空区进行数值分析，认为每个采场都是一次性开挖完成，在时间上是连续的。每个分析区域的采空区开挖顺序按照矿山生产实际开挖顺序开采。已经进行测量的采空区按照

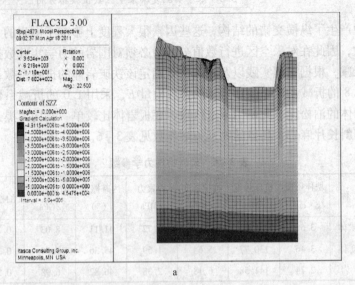

a

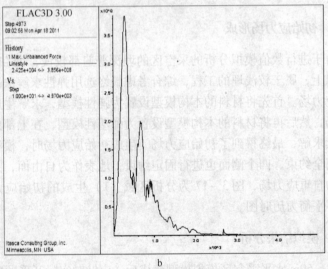

b

图 3 - 17　分析区域（1）初始应力场及最大不平衡力历时图

a—初始应力场平衡；b—最大不平衡力

　　测量得到的实际形态建立模型，分析区域中如果有没进行测量的采空区，则按照设计尺寸开挖，非法采空区按照矿山提供的实际物探资料建立模型，只考虑 -60m 水平以上的非法采空区，开挖时首先开挖非法采空区，然后开挖 -60m 水平中段采空区。每个分析区域的计算流程如图 3 - 18 所示。

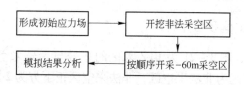

图 3 - 18 各个分析区域计算流程图

模拟开挖计算在初始应力场中进行，每次开挖后计算平衡的判断依据是最大不平衡力曲线，在最大不平衡力接近零且保持不变时表示计算达到平衡。其中最大不平衡力发生突变的点代表正在开挖中，然后围岩应力通过调整又逐渐趋于平衡。该铁矿各个分析区域中的采空区开挖过程中最大不平衡力历程如图 3 - 19 所示。当最大不平衡力减小到零或者保持不变的时候计算达到平衡，整个模拟计算完成。

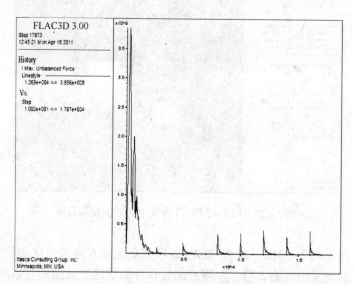

图 3 - 19 分析区域 (1) 采空区开挖最大不平衡力历时图

在对模拟结果进行分析时，将主要从开挖后的应力场、位移场和塑性区的分布三个方面进行。并对计算后模型做二维剖切，把相邻采空区放在同一个剖面图中做分析，尽量使剖切面穿过采空区的中心位置以确保每个采空区都被剖切到。

3.6.3.1　位移场分析

图 3 - 20、图 3 - 21 为 BFZ 采区的 2 号与 3 号采空区位移图像，最上部的采空区为非法采空区，非法采空区正下方为 2 号采空区。从图中可以看出，两个采空区的顶板、底板的 Z 向位移较大，2 号采空区顶板最大 Z 向位移为 - 1.36cm，底板最大 Z 向位移为 1.76cm；3 号采空区的顶、底板最大 Z 向位移稍小，分别为 - 1.3cm 和 1.5cm；两个矿房之间矿柱的侧向位移较小，最大为 - 1.25mm，指向 3 号采空区。

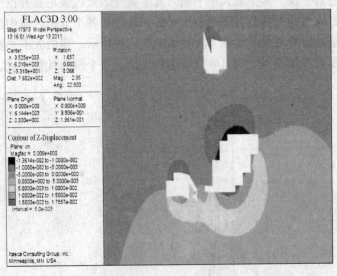

图 3 - 20　BFZ - 2 号、3 号采空区 Z 向位移云图

图 3 - 22 ~ 图 3 - 24 为 BFZ - 2 号采空区和 6 号采空区的位移图像，右侧采空区为 2 号，左侧下部为 6 号采空区。从图中可以看出，两个采空区顶板和底板的 Z 向位移较大，而矿柱的侧向位移较小，

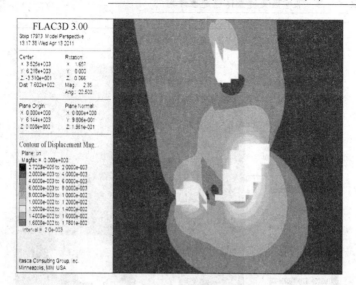

图 3 – 21　BFZ – 2 号、3 号采空区整体位移云图

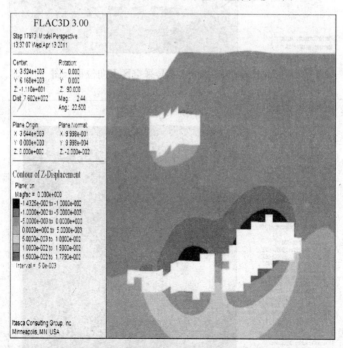

图 3 – 22　BFZ – 2 号、6 号采空区 Z 向位移云图

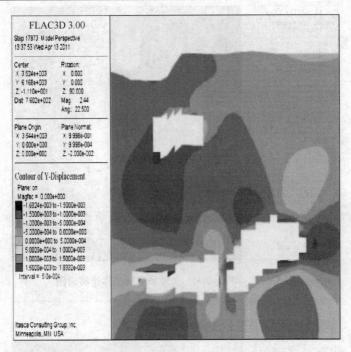

图 3 - 23　BFZ - 2 号、6 号采空区 Y 向位移云图

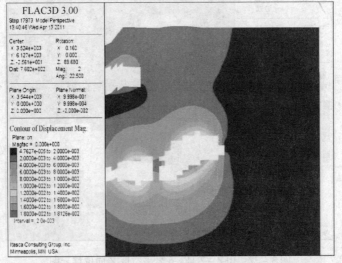

图 3 - 24　BFZ - 2 号、6 号采空区整体位移云图

6号采空区顶板的最大 Z 向位移为 -1.43cm，位于顶板的中间部位，分布较广，底部的最大 Z 向位移为 1.78cm。两个矿房之间矿柱的最大侧向位移为 1.83mm，位于 6 号采空区一侧，6 号采空区走向较长，在 6 号矿房最左侧的位移也较大。

图 3-25~图 3-27 为 BFZ-8 号采空区和 9 号采空区位移图像，从图中可以看出，两个采空区已经出现了贯通，9 号采空区空间较大，8 号采空区较小，位于右下部位。从图中可以看出，采空区顶板的位移较小，9 号采空区顶板最大 Z 向位移为 -9.8mm，而底板的最大 Z 向位移为 1.45cm。8 号采空区由于与 9 号采空区贯通，因此位移较小，不做统计。

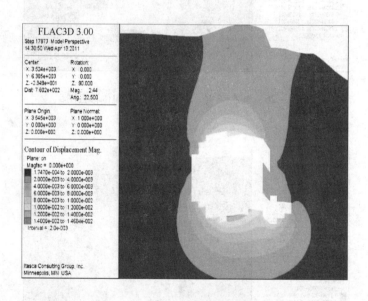

图 3-25　BFZ-8 号、9 号采空区整体位移云图

依据采空区开挖完毕后的位移场图分析，可以得出所测采空区顶板位移较大，以采场空顶板 Z 向位移为主，这时极易在顶板岩体自重或附近矿体回采爆破影响的情况下发生顶板失稳现象，因此根据模拟计算得出所有采空区顶板 Z 方向位移数据对位移大小进行分级。

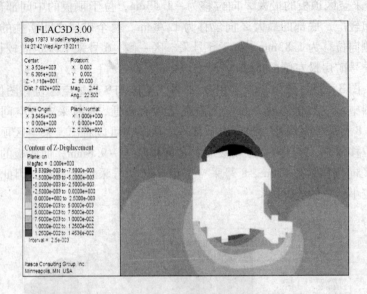

图 3 – 26　BFZ – 8 号、9 号采空区 Z 向位移云图

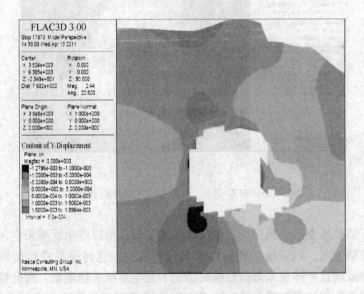

图 3 – 27　BFZ – 8 号、9 号采空区 Y 向位移云图

一般分为三个等级，＜1.5cm 为 I 级，1.5～3.5cm 为 II 级，3.5～5cm 为 III 级，分级情况见表 3－7。采空区矿柱的位移以侧向位移为主，都比较小，说明目前采空区的矿柱比较稳定。

表 3－7 采空区顶板位移大小分级表

采 空 区 编 号	数量	位移等级	位移移动范围/cm
F18N－10 号、12 号、13 号；NCB－10 号、8 号；BFZ－2 号、3 号、6 号、8 号、9 号	10	I	＜1.5
DCJ－1 号、3 号、6 号；NCB－19 号；CSJ－7 号	5	II	1.5～3.5
NCB－3 号、17 号	2	III	3.5～5

3.6.3.2 采空区应力场分析

采空区的开挖破坏了初始地应力的平衡状态，促使围岩应力重新分布，最后得到新的相对平衡状态。

图 3－28～图 3－31 为 BFZ 采区的 2 号采空区分别和 3 号以及 6 号采空区的最小与最大主应力分布云图，从图中可以看出三个采空区的顶板都没有出现拉应力，2 号采空区顶板的最小主应力为

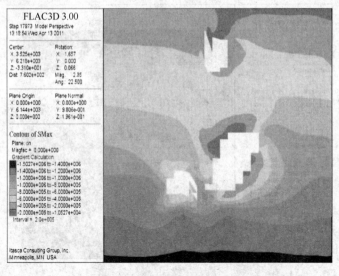

图 3－28 BFZ－2 号、3 号采空区最小主应力图

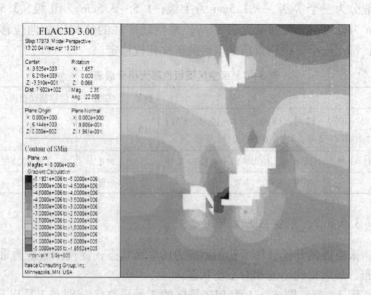

图 3 - 29   BFZ - 2 号、3 号采空区最大主应力图

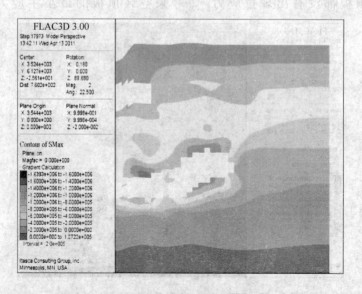

图 3 - 30   BFZ - 2 号、6 号采空区最小主应力图

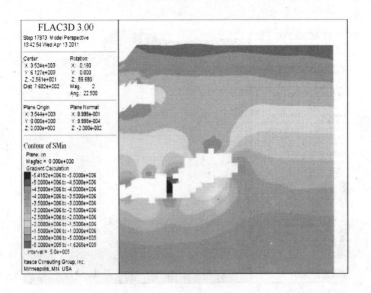

图 3-31　BFZ-2 号、6 号采空区最大主应力图

-0.2MPa，3 号采空区顶板最小主应力为 -0.6MPa，6 号采空区顶板最小主应力为 0，最接近拉应力区。矿柱的最小压应力较大，分别为 -1.0MPa 和 -0.6MPa，2 号和 3 号采空区矿柱的最大主应力为 -5.19MPa，2 号和 6 号采空区矿柱的最大主应力为 -5.42MPa。

　　图 3-32 和图 3-33 为 8 号和 9 号采空区的最小主应力和最大主应力分布云图，8 号和 9 号采空区在底部出现了贯通，9 号采空区顶板最小主应力为 -0.2MPa，8 号为 -0.4MPa，最大主应力出现在两个采空区贯通处，为 -3.92MPa，8 号采空区右侧也出现了较大压应力。

　　由上述分析可以看出，采空区顶板岩体大多数处于很小的压应力状态，而且部分围岩已经由受压状态逐渐转变为受拉状态，因此，对最小主应力进行分级可明确所测采空区顶板岩体接近于拉应力状态程度大小。一般可分为三级，最小主应力小于 -1.0MPa 时，为 Ⅰ 级；最小主应力为 -1.0 ~ -0.5MPa 时，为 Ⅱ 级；最小主应力为 -0.5 ~ 0MPa 时，为 Ⅲ 级。顶板最小应力分级如表 3-8 所示，采空区顶板的危险性随着等级的升高而增加。

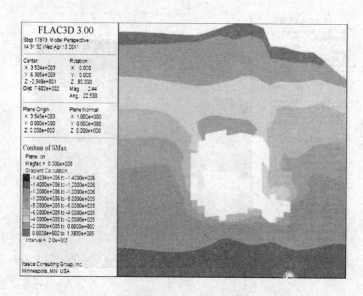

图 3 - 32　BFZ - 8 号、9 号采空区最小主应力图

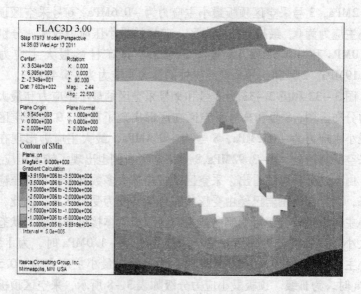

图 3 - 33　BFZ - 8 号、9 号采空区最大主应力图

表3-8 顶板最小主应力分级表

采 空 区 编 号	数量	最小主应力等级	最小主应力范围/MPa
NCB-10号；F18N-10号、12号、13号	4	I	< -1.0
BFZ-3号；DCJ-1号、3号、6号	4	II	-1.0 ~ -0.5
BFZ-2号、6号、8号、9号、NCB-3号、17号、19号、8号	8	III	-0.5 ~ 0

3.6.3.3 采空区塑性区分布

对采空区的开采引起塑性区的产生和发展分为两个方面讨论，垂直方向上的塑性区分布可以观察采空区周围塑性区沿着围岩的发展情况，水平方向的塑性区可以表示采空区塑性区的延伸范围。

A　垂直方向塑性区分布

图3-34和图3-35为BFZ-2号采空区分别和3号、6号采空区的塑性区，2号和3号采空区之间矿柱的塑性区较少，2号和6号采空区之间的矿柱都出现了塑性区，较危险，6号采空区的底部和顶

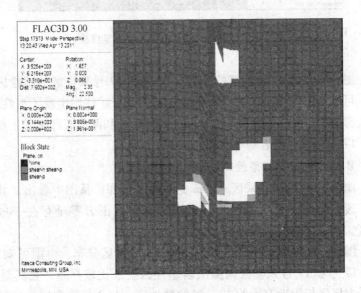

图3-34　BFZ-2号、3号采空区塑性图

板转折处出现了塑性区，这说明三个采空区的顶板及围岩较稳定，但是 6 号采空区的矿柱不稳定。图 3 - 36 为 BFZ - 8 号和 BFZ - 9 号采空区的塑性区分布图，由图可知，两个采空区塑性分布较少，只在两个采空区贯通处出现了少许塑性区，说明采空区较稳定。

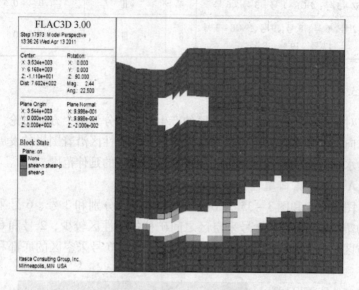

图 3 - 35   BFZ - 2 号、6 号采空区塑性图

图 3 - 37 为 NCB 采区的 3 号、17 号和 19 号采空区的塑性区分布，可以从图中看出，三个采空区之间的两个矿柱均出现了塑性区，且大部分都正处在塑性区，3 号采空区的底板和两帮底部出现了塑性区，17 号采空区围岩基本上都出现了塑性区。

B   水平方向的塑性

图 3 - 38 为 BFZ 采区 - 50m 的塑性区分布，从图中看出，北分支矿段采空区的塑性区分布比较少，采空区围岩零星存在一些塑性区。

图 3 - 39 为 NCB 采区 - 35m 水平的塑性区分布，由图可知，3 号、17 号和 19 号采空区周围围岩塑性区扩展比较严重，尤其是 17 号采空区底板附近有大约 12m 厚的塑性区，与 3 号采空区的矿柱也

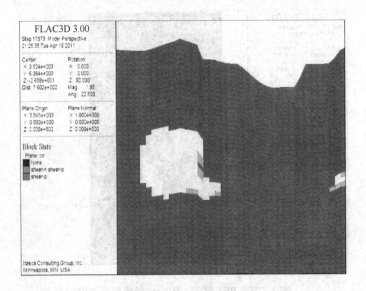

图 3 - 36 BFZ - 8 号、9 号采空区塑性图

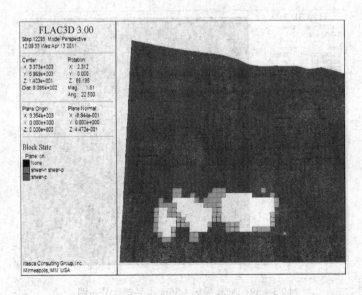

图 3 - 37 NCB - 3 号、17 号、19 号采空区塑性分布图

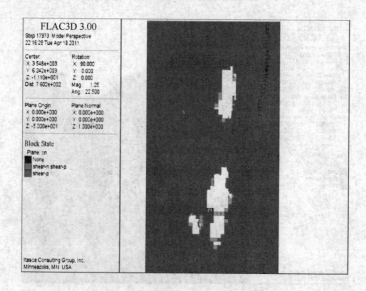

图 3 – 38　BFZ 采区 – 50m 水平塑性分布图

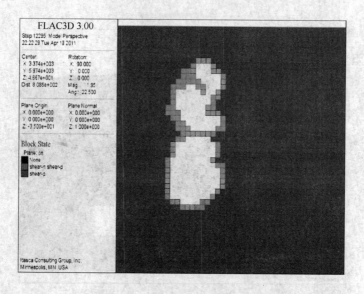

图 3 – 39　NCB 采区 – 35m 水平塑性分布图

都正处在塑性区，与 19 号矿房之间的矿柱也都处在塑性区。

通过对上述塑性区分布可知，在垂直方向和水平方向塑性分布上，NCB 的 3 号、17 号和 19 号采空区围岩和矿柱已经出现了相当严重的塑性破坏区，其次是 DCJ 采区的 1 号和 3 号采空区围岩均出现了塑性区，且范围较深，两个采空区之间的矿柱正处在塑性区，较不稳定；其他分析区域塑性区分布较少或者是分布广且深度较浅。

以上情况说明，当某个区域采空区密度较大时，塑性区的分布会比单个采空区的塑性区明显变大，采空区之间产生了相互贯通破坏作用，这种作用使得采空区之间相互影响，使围岩加剧了破坏，对采空区的稳定性产生较大影响。

3.7　实测采空区失稳评判

为了对所测采空区围岩位移进行比较，对各个分析区域采空区顶板围岩位移值进行了统计分析（图 3 - 40），水平坐标表示所测采空区的名称，垂直坐标表示采空区顶板的最大位移值（单位：cm）。

图 3 - 41 为各个分析区域采空区侧壁及矿柱侧向位移值统计图（单位：mm）。

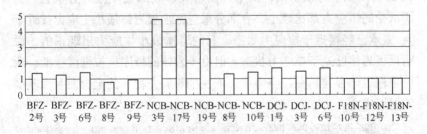

图 3 - 40　各个分析区域内采空区顶板最大位移统计

从图 3 - 40、图 3 - 41 中可以看出，BFZ 采区和 NCB 顶板位移较大，NCB 及 DCJ 采区的采空区侧壁及矿柱侧向位移较大，而 NCB 采空区顶板及侧壁的位移均较大，这是因为这个采区的采空区分布较密集，采空区形成了群效应，采空区之间相互影响，使各自的位移都有所增加；采空区分布较稀疏的区域顶板和矿柱的位移均比较小；非法

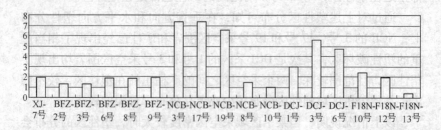

图 3 - 41　各个分析区域内采空区侧壁与矿柱最大侧向位移统计

采空区开挖对采空区顶板有较大的影响，这是由于非法采空区的乱采滥挖导致了采空区顶板厚度的减小，影响了顶板的稳定性；另外跨度较大的采空区顶板的位移也较大，从图中可以看出，采空区侧壁和矿柱的侧向位移总体上比较小，说明矿柱或侧壁变形较小，相对稳定些。

图 3 - 42 为采空区顶板的最小主应力统计图，水平坐标为所测采空区名，垂直坐标为所测采空区顶板岩体最小主应力值（单位：MPa）。从图中可以看出，采空区围岩大多数都处于压应力状态，但所承受的压应力都比较小，有部分采空区顶板岩体最小主应力接近于0，表示已经接近于拉应力状态，有的岩体最小主应力出现正值，说明顶板岩体已处于拉应力状态，但由于岩体的极限抗拉强度很低，所以顶板岩体很容易在拉应力状态下发生断裂失稳，甚至会发生大范围的坍塌灾害。

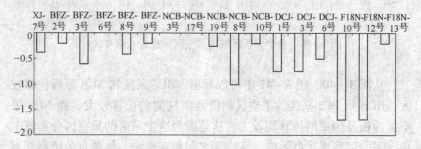

图 3 - 42　各个分析区域采空区顶板最小主应力统计

　　根据采空区模拟分析结果以及 - 60 中段以上非法采空区的分布范围，对采空区的失稳状况进行分级描述，从中找出导致采空区失稳的主要影响因素，并进行失稳分级，等级分为三级，Ⅰ级为失稳程度高，Ⅱ级为局部失稳，Ⅲ级为维持稳定，如果两个采空区相互贯通，其采空区名用"-"连接起来，如贯通采空区名 BFZ - 8 号、9 号，就是 BFZ - 8 号采空区和 BFZ - 9 号采空区贯通。采空区失稳评判分级如表 3 - 9 所示。

表 3 - 9　各个分析区域内采空区失稳评判分级

采空区编号	失稳等级	采空区稳定性描述
BFZ - 2 号	Ⅱ	采空区较大，顶板位移属于Ⅰ级，顶板最小主应力为Ⅲ级，围岩的塑性区分布较少，距离非法采空区较远，采空区相对稳定
BFZ - 3 号	Ⅲ	采空区较小，顶板位移属于Ⅰ级，塑性区较少，顶板最小主应力为Ⅲ级，采空区相对稳定
BFZ - 6 号	Ⅰ	采空区沿矿体走向较长，跨度较大，采空区顶板位移属于Ⅰ级，较小，塑性相对较多，与 BFZ - 2 号相邻的矿柱正处在塑性区，矿柱不稳定
BFZ - 8 号、9 号	Ⅱ	两个采空区在底部已经贯通，采空区顶板的位移属于Ⅰ级，塑性区也较小，但是在两个采空区的贯通处塑性较多，位移也较大
NCB - 3 号	Ⅰ	采空区体积较大，与非法采空区较近，顶板位移属于Ⅲ级，顶板十分接近拉应力，顶板的塑性较少，但是底部与17号采空区之间的矿柱塑性区已经贯通，存在不稳定因素
NCB - 17 号	Ⅰ	采空区体积较大，且距离非法采空区较近，围岩塑性区分布塑性范围较广，尤其是与两侧采空区之间的矿柱和顶板上部，顶板接近拉应力状态，存在较大的安全隐患
NCB - 19 号	Ⅱ	采空区体积较小，距离非法采空区较远，顶板位移属于Ⅲ级，但是与17号采空区相邻的区域塑性区域发展较为严重，这部分存在安全隐患

采空区编号	失稳等级	采空区稳定性描述
NCB-8 号	Ⅲ	采空区相对独立，顶板的位移属于 Ⅰ 级，围岩塑性区较小，采空区体积也较小，采空区相对稳定
NCB-10 号	Ⅲ	采空区相对独立，顶板的位移属于 Ⅰ 级，围岩塑性区较小，采空区体积也较小，采空区相对稳定
DCJ-1 号	Ⅱ	采空区较小，顶板位移属于 Ⅱ 级，围岩塑性范围较少，与 3 号采空区之间的矿柱出现塑性区
DCJ-3 号	Ⅰ	采空区体积较大，围岩基本都出现了塑性，在 1 号和 6 号采空区之间，受到两个采空区的影响，矿柱的稳定性较差，且距离断层较近，存在安全风险
DCJ-6 号	Ⅰ	采空区相对较小，围岩的塑性区较少，在采空区的上下盘处出现了较多塑性区，容易失稳
F18N-10 号	Ⅰ	采空区顶板位移较小，属于 Ⅰ 级，顶板相对稳定，但是在采空区的上下盘位置出现了较多的塑性区，距离断层较近，容易出现失稳
F18N-12 号	Ⅲ	采空区体积较小，顶板位移属于 Ⅰ 级，塑性区较少，采空区相对稳定
F18N-13 号	Ⅱ	采空区顶板位移较小，属于 Ⅰ 级，采空区的体积较小，距离断层较远，但顶板比较接近拉应力状态

3.8　小结

（1）为分析评判复杂采空区稳定状态，对采空区顶板及矿柱应力分布与破坏规律进行了研究，基于材料力学理论建立了采空区顶板简支岩梁模型，得出矿房沿矿体走向布置或垂直矿体走向布置时采空区顶板岩梁中性轴线下表面任意一点的应力计算公式，通过 Hoek-Brown 经验方程，对岩体的单轴抗拉强度进行了估算，结果得出实测采空区顶板下表面的拉应力有 76% 以上超出了顶板岩体的极限抗拉强度；根据载荷传递交汇线理论、厚跨比法对实测采空区顶板极限跨度和安全隔离层厚度进行计算分析，并经过综合比较分析，得出实测采空区顶板失稳率超过了 50%。在矿柱载荷有效区域理论上，充分考虑矿柱的尺寸效应和形状效应的条件下，得到矿柱平均强度关系式，得出矿山设计矿柱强度是安全的，并通过对斜井生产采区的矿柱进行了矿柱应力变化监测，监测数据表明采空区矿柱应力变化是由应力集中状态逐渐趋于平缓稳定，验证了理论计算的结果。

（2）从岩石力学的角度，运用 FLAC3D 数值模拟软件对采空区围岩应力场、塑性区及采空区关键岩体位移场进行了研究，得出如下结论：

1）采空区的位移场分析表明，采空区的位移以顶板的 Z 向位移为主，最大可达 10cm 左右，矿柱的侧向位移较小，采空区密度较大的区域，顶板的位移普遍较大，相对较少的区域，顶板的位移较小。

2）采空区的应力分析表明，采空区顶板的最小主应力很小，采空区顶板逐渐向拉应力区域靠近，有些采空区甚至出现了拉应力；最大主应力主要出现在采空区的侧壁和矿柱的底部，周围采空区越密集，最大主应力也就越大。

3）塑性区分布的分析可知，在采空区顶板、底板及矿柱都有不同程度的塑性区分布，尤其是在矿柱上，分布范围较广。当采空区密度较大时，塑性区的分布会比单个采空区的塑性区明显变大，使得采空区之间相互影响，使围岩加剧了破坏，对采空区的稳定性产生较大影响。另外，上部非法采空区的开采，对下部采空区的围岩稳定性产生影响，尤其是对顶板的影响较大，应注意距离非法采空区较近的采空区的稳定性。

（3）对采空区关键控制岩体进行力学理论计算得出，采空区顶板岩梁的结构参数大多数超过其失稳临界参数；采空区数值模拟对采空区失稳状态进行了描述并进行了失稳级别分析，得出采空区 I 级失稳占的比率较高。采取力学理论计算和数值模拟判断所测采空区失稳态势，两种手段各有其优点，相互结合更加接近工程实际，提高了采空区失稳结果的可信度，建议及时处理采空区。

4 基于模糊－灰关联理论采空区失稳分析

4.1 模糊综合评判法

对具有模糊性、不确定性的复杂问题，对其结果影响有很多因素时，可以采用模糊数学的方法，这是解决多因素、多指标复杂问题的一种可行方法，考察与事物结果影响相关的各个因素，分析各种影响因素对评判事物的模糊关系，从而得出比较科学的结论。

采场空区失稳问题通常带有很多不确定性或随机性，其发生灾害规模和影响范围因产生环境的不同有很大的差异性，如不同复杂的地质构造特征、企业的安全生产管理水平、顶板岩体稳固性、采空区自身结构等，所以，对于采空区是否处于失稳状态，很难给出清晰明确的判断，是很多影响因素的集成反映。其失稳灾害的规模大小也是由多种因素决定的，必须将其各种影响因素综合分析，特别是对于不可定量的因素，通过模糊数学的方法，使其科学合理的量化，为更加客观、深入地分析影响采空区失稳提供理论依据。

4.1.1 模糊评判步骤

4.1.1.1 评判指标分类

根据评判指标的属性对其进行分类，再将各类的评判指标分为若干个子类，即：

$$U = |u_1, u_2, u_3, \cdots, u_n| \tag{4-1}$$

其中 $\qquad u_i = |u_{i1}, u_{i2}, \cdots, u_{ip}| \quad (i = 1, 2, \cdots, n)$

式中 $\quad n$——评判指标个数；

$\quad i$——各类评判指标子类个数。

4.1.1.2 建立评判集 V

评判集 V 为：

$$V = \left| v_1, v_2, v_3, \cdots, v_m \right| \qquad (4-2)$$

式中　m——评语级别的个数，即评价指标的级别集合。

4.1.1.3　建立单因素评判

建立从 U 到 V 的一个映射：

$$f : U \rightarrow F(V) \quad (\forall u_i \in U) \qquad (4-3)$$

$$u_i \rightarrow f(u_i) = \frac{r_{i1}}{v_1} + \frac{r_{i2}}{v_2} + \cdots + \frac{r_{im}}{v_m} \quad (0 \le r_{ij} \le 1, j = 1, 2, \cdots, m)$$

由 f 可推导出 U 与 V 的模糊关系，得到单因素模糊关系矩阵 R，于是由 (U, V, R) 构成一个模糊综合评判模型：

$$R = \begin{vmatrix} r_{11} & r_{12} & r_{13} & \cdots & r_{1m} \\ r_{21} & r_{22} & r_{23} & \cdots & r_{2m} \\ r_{31} & r_{32} & r_{33} & \cdots & r_{3m} \\ \vdots & \vdots & \vdots & & \vdots \\ r_{n1} & r_{n2} & r_{n3} & \cdots & r_{nm} \end{vmatrix} = (r_{ij})_{n \times m}$$

4.1.1.4　综合评判

由于 U 中的各评判指标因素影响程度不同，需根据重要程度的不同赋予不同的权重系数，各权重系数为 U 上的一个模糊子集 $A = (a_1, a_2, \cdots, a_n)$ 且 $\sum_{i=1}^{n} a_i = 1$。同理，对 u_i 中的各评判指标因子有 $A_i = (a_{i1}, a_{i2}, \cdots, a_{ip})$ 且 $\sum_{i=1}^{p} a_{ij} = 1$，在 R 和 A 求出之后，则可以得出综合评判的结果 $B = A \circ R$。

4.1.1.5　模式识别

根据上面得出的综合评判结果 $B = (b_1, b_2, \cdots, b_m)$，由模式识别的最大隶属度原则，取 $b_j = \max(b_1, b_2, \cdots, b_m)$，则得该评判结果应为 b_j 所对应的评判等级。

4.1.2　隶属函数确定方法

模糊关系确定的关键就是选择隶属函数确定方法，隶属函数确定方法有许多种，目前主要有以下几种：两相模糊统计；三相模糊统计；多相模糊统计；四值逻辑分区法。隶属函数确定的原则首先就是可以准确反映各评判指标的实际情况，第二就是确定方法简便、可行。隶属函数确定的过程应该客观、公正，在确定隶属函数过程中，首先要明确隶属函数的目的，总结能够表征评判对象规律性经验，再核实评判对象各指标间的相互关系，随后对收集的客观规律进行梳理定性表征评判对象，最后根据可量化的影响指标因素构建隶属函数以确定隶属度。但总的来说，隶属函数方法的确定必须反映实际，一般是要参考以往现成经验和历年统计的结果，也可由一些专家把关。

4.1.3　影响因素重要程度系数及确定方法

对于被评判对象，根据不同的影响因素得到结论是不同的，在许多有关因素 $U_i(i=1, 2, \cdots, m)$ 中，各因素对评判结果的影响程度也是不一样的。所以评判可以看成是有关因素集 U 上的模糊子集 $\tilde{A}$，记作 $\tilde{A} = a_1/u_1 + a_2/u_2 + \cdots + a_n/u_n$ 或 $\tilde{A} = (a_1, a_2, \cdots, a_n)$，其中 a_i $(0 < a_i < 1)$ 为 U_i 对 $\tilde{A}$ 的隶属度，它是单因素 U_i，$\tilde{A}$ 为 U 的一个重要程度模糊子集，a_i 为因素 u_i 的重要程度系数或权重。

确定权重常用专家评议法、专家调查法和判断矩阵法。专家评议法是利用一些权威专家、学者多年积累的经验来确定各影响因素在评判过程中的重要程度；专家调查法是通过制定调查表的方式，送请有实际工作经验的专家就调查表上的问题发表不同意见，然后再汇总计算；判断矩阵法是通过专家采用两两比较的方式来确定矩阵中各影响因素重要程度系数的大小，从而计算出最大特征根对应的特征向量，此特征向量即为所求的权重值。

4.2　采空区失稳模糊综合评判研究

影响采空区失稳的因素很多，控制采空区失稳的规模及范围大小因素也是多方面的，所以需要综合考虑各种采空区失稳影响因素。本节从地质影响因素、水文影响因素、环境影响因素和采空区自身因素4个大的方面对采空区失稳进行分析，从中优选了14项采空区失稳评判背景因子，即地质构造、岩体结构、岩体质量指标、地下水体、采空区水文条件、采空区周围采动影响、采空区暴露时间、相邻采空区状态、采深、采空区体积大小、采空区高度、矿柱特征、断面形状的影响（跨高比）及有关工程布置。

4.2.1 区域地质条件影响因素

4.2.1.1 岩体结构

岩体结构是指岩体中结构面和结构体的排列组合特征，不同的结构面与结构体之间，以不同的方式排列组合可以形成不同的岩体结构。结构体的规模取决于结构面的密度，密度越小，结构体的规模越大，结构体的规模不同，在工程稳定性中所起的作用也不同；此外结构体的形态极为复杂，在地质构造强烈、岩层破碎严重的地区或部位，还会存在片状、鳞片状、碎块状及碎屑状等形状的结构体，结构体的形状不同，其稳定性也不同，一般来说，板状结构体比柱状、菱形结构体更容易滑动，楔形结构体比锥形结构体稳定性差。但各岩体结构类型的根本区别在于结构面的性质和发育程度不同，如层状结构体中发育的结构面主要是层面、层间错动；整体状结构岩体中几乎没有结构面；块状岩体中的结构面呈断续分布，规模小且稀疏；碎裂结构岩体中的结构面常为贯通的且发育密集，组数多；而散体状结构岩体中发育有大量的随机分布的裂隙，结构体呈碎块状或碎屑状等。

岩体的结构面对工程岩体的完整性、渗透性、物理力学性质及应力传递都有显著影响，是造成岩体非均质性、非连续、各向异性和非线弹性的本质原因之一，是影响岩体力学性质及岩体工程稳定性的一个主要因素。结构面的规模大小、延伸长度、切割深度及破碎带宽度及其力学性质等，对岩体工程力学性质的影响及其在工程稳定性中所起的作用也各有不同，各级结构面互相制约且互相影响，并非完全孤立。

一般情况下，如果岩体的结构比较完整，构造变动小，节理裂隙发育弱，相对岩体的强度高，则围岩相对稳固，采空区的安全稳定性好，危险程度低；反之，岩体复杂的破碎岩层，如果其构造变动强烈，构造影响严重，接触和挤压破碎带、节理、劈理等均发育，结构面组数多、密度大且彼此相互交切，则采空区的安全稳定性就差。

4.2.1.2 地质构造

地质构造简单、地层完整、无软弱结构面时，围岩就稳定，围岩压力小；反之，围岩就不稳定，围岩压力大。在断层破碎带、褶皱破坏带和裂隙发育的地段，围岩压力一般更大，因为这些地段的采空区开挖工程中常常会发生较大范围的崩塌，造成较大的松动压力，而且，岩层倾斜、节理不对称以及地形倾斜，都能引起不对称的围压压力，所以在采空区开挖工程中应当重视地质构造的影响。在复杂的地质构造带下开采，所形成的采空区的安全稳定性差，危险度高，如褶皱、岩脉、断层以及岩层的突变等。特别是向斜的轴部岩层存在较大的地应力，聚集有大量的弹性变形能，一旦开挖或开采以后，若形成的采空区没有能够及时得到处理，该部位就存在极大的危险性。

不连续面的光滑或粗糙程度、组合状态及其充填物的性质，都反映了不连续面的性质，直接影响着结构面的抗剪特性。结构面越粗糙，其抗剪强度中的摩擦系数越高，对块体运动的阻抗力越强。结构面的宽度或充填物的厚度越大且其组成物质越弱，则压缩变形量越大，抗滑移的能力越小。此外，不连续面的间距、产状及其组合状态都对采空区的安全稳定性产生较大的影响，如弱面比较发育的地段，其平均间距较小，不同产状的弱面彼此相互交切，将岩体切割成大小不同的岩块，破坏了岩体的完整性，削弱了岩体的强度，大大降低了采空区的安全稳定性。

4.2.1.3 岩石物理力学性质

岩石的物理力学性质对采空区顶板稳定性起着重要作用。在多数的岩体工程的稳定性分析中，一个重要的影响因素便是岩石的物理力学性质。当岩石呈厚层块状、质纯、强度高，并且岩石的走向与采空区轴线正交或斜交时，倾角平缓，对采空区稳定性有利；反之，对采空区稳定性不利。当采空区顶板和支座处岩层比较完整，层理较厚、强度较高而硐跨较大时，结构力学近似评价法认为岩石的抗拉强度对顶板稳定性起主要作用。但当采空区顶板岩石节理裂隙发育时，对稳定性起作用的不再是完整岩石的强度，而应当是节理或破损岩体的抗拉强度。

由于组成岩体的岩石性质、结构不同以及岩体中结构面发育情况差异，所以岩体力学性质相当复杂。为了在工程设计与施工中能区分岩体质量的好坏和表现在稳定性上的差别，对岩体进行了合理的分类。其中岩石质量指标分类是笛尔根据钻探时岩芯的完好程度来判断岩体的质量，这种分类方法简单易行，但它没有反映节理的方位、充填物的影响等。

因结构面组合及受力状态不同，节理岩体破坏的方式也不同。在结构面角度大和围压低时多呈轴向劈裂方式破坏；在结构面与最大主应力呈30°～50°角且围压不高时，多沿结构面滑动破坏；在高围压情况下，多沿结构面切穿岩石材料剪切破坏；在裂隙组数多、围压很低的情况下，裂隙受力下发生扩展、张开或裂隙切割的岩体发生偏转、压碎等，使岩体发生松胀破坏。

新鲜岩石的力学性质和风化岩石的力学性质有着较大的区别，特别是当风化程度很深时，岩石的力学性质会明显降低。风化作用是一种表生的自然应力和人类作用的共同产物，是一种复杂的地质作用，涉及气温、大气、水分、生物、原岩的成因、原岩的矿物成分、原岩的结构和构造诸因素的综合作用。总的来说，风化作用的结果是降低了岩体的物理力学性质，例如可以降低岩体结构面的粗糙程度并产生新的裂隙，使岩体再次分裂成细小的碎块，进一步破坏岩体的完整性；岩石在化学风化作用下，矿物成分发生变化，原生矿物经水解、水化、氧化等作用后，逐渐为次生矿物所代替，特别是产生黏土矿物，并伴随风化程度的加深，这类矿物逐渐增加；由于岩石和岩体结构的变化，岩体的物理力学性质也随之改变，一般是抗水性降低，亲水性增高，力学性质降低，压缩性加大，空隙性增加，透水性增加，但当风化剧烈、黏土矿物较多时，渗透性又趋于降低。总之，岩体在风化营力的作用下，其优良的性质削弱，不良的性质加剧，从而使岩体的力学性质恶化。

岩石质量的优劣直接影响着岩体的变形特性和变形量的大小，岩石质量越好，岩体的刚性越大。根据刚度理论，岩体受到屈服后的刚度 KR 大于顶底板和支架的刚度 KC 时，采空区处于稳定状态；而当 KR 小于 KC 时，采空区处于不安全状态。因此，质量越好的岩石下的采空区的安全稳定性就越好。衡量岩石质量的好坏可以根据其抗压强度与岩石的纵波速度，或者由它们的综合情况来决定，但是这种方法较为复杂，况且人为的误差较大。相比较而言，采用岩石质量指标的 RQD 的取值较为容易。

4.2.2 采空区水文影响因素

地下水是一种重要的地质营力，它与岩体之间相互作用，一方面改变着岩体的物理、化学及力学作用，另一方面也改变着地下水自身的物理、力学性质及化学组分。运动着的地下水对岩体产生三种作用，即物理的、化学的和力学的作用。

4.2.2.1 地下水对岩体的物理作用

地下水对岩体的物理作用包括：

（1）润滑作用。处于岩体中的地下水，在岩体的不连续面边界，如坚硬岩石中的裂隙面、节理面和断层面等结构面，使不连续面的摩擦力减小，使作用在不连续面上的剪应力效应增强，结果沿不连续面诱发岩体的剪切运动。地下水对岩体产生润滑作用反映在力学上，就是使岩体的内摩擦角减小。

（2）软化和泥化作用。地下水对岩体的软化和泥化作用表现在对岩体结构面中充填物的物理性状的改变。岩体结构面中充填物随含水量的变化，发生由固态向塑态直至液态的弱化效应，一般在断层带易发生泥化现象。软化和泥化作用使岩体力学性能降低，内聚力和摩擦力值减小。

（3）结合水的强化作用。处于非饱和带的岩体，其中地下水处于负压状态，此时，地下水不是重力水，而是结合水。按照有效应力原理，非饱和岩体中的有效应力大于岩体的总应力，地下水的作用是强化了岩体的力学性能，即增加了岩体的强度；当岩土体中无水时，包气带的沙土孔隙全被空气充填，空气的压力为正，此时沙土的有效应力小于总应力，因而是一盘散沙，当加入适量水后沙土的强度迅速提高；当包气带土体中出现重力水时，水的作用就变成了弱化土体的作用。

4.2.2.2 地下水对岩体的化学作用

地下水对岩体的化学作用主要是指地下水与岩体间的离子交换、溶解作用、水化作用、水解作用、溶蚀作用、氧化还原作用、沉淀作用以及超渗透作用等。地下水与岩土体之间的离子交换是物理力和化学力吸附岩土体颗粒上的离子和分子与地下水的一种交换过程。地下水与岩土体之间的离子交换使得岩土体的结构改变，从而影响岩土体的力学性质；水对岩体的溶解、溶蚀作用的结果使岩体产生溶蚀裂隙、溶蚀空隙及溶洞等，增加了岩体的孔隙率及渗透率；水对岩体的水化作用是水渗透到岩土体的矿物晶格架中或水分子附着到可溶性岩石的离子上，使岩石的结构发生微观及宏观的改变，减小岩体的内聚力；水解作用主要是地下水与岩体之间发生的一种反应，一方面改变着地下水的 pH 值，另一方面也使岩土体物质发生改变，从而影响力学性质；地下水与岩土体之间的氧化还原作用，改变岩土体中的矿物组成，改变地下水的化学组分及侵蚀性，从而影响岩体的力学特性。

4.2.2.3 地下水对岩体的力学作用

地下水对岩体产生的力学作用主要是指通过空隙静水压力和空隙动水压力作用对岩土体的力学性质施加影响。在岩体裂隙或断层中的地下水对裂隙壁施加两种力，一是垂直于裂隙壁的空隙静水压力，该力使裂隙产生垂直变形；二是平行于裂隙壁的空隙动水压力，该力使裂隙产生切向变形。当多孔连续介质岩体中存在空隙地下水时，未充满空隙的地下水对多孔连续介质骨架施加一空隙静水压力，结果使岩体的有效应力增加；当地下水充满多孔连续介质岩体时，地下水对多孔连续介质骨架施加一空隙静水压力，结果使岩体的有效应力减小；当多孔连续介质岩土体中充满流动的地下水时，地下水对多孔连续介质骨架施加一空隙静水压力和动水压力；当裂隙岩体中充满流动地下水时，地下水对岩体裂隙施加一垂直于裂隙壁面的静水压力和平行于裂隙壁面的动水压力。

除了上述作用外，孔隙、微裂隙中的水在冻融时的胀缩作用对岩石力学强度破坏很大。岩石试件的湿度大小也显著影响岩石的抗压强度指标值，含水量越大，强度指标值越低。

4.2.3　采空区周围环境因素

岩体工程的开挖将使工程周围岩土体失去原有的平衡状态，使其在一个有限的范围内产生的应力重新分布，这种新出现的不平衡应力没有超过围岩的承载能力，岩体就会自行平衡；否则就会引起岩体变形、位移甚至破坏。在岩石力学中，经应力重新分布形成新的平衡应力为次生应力，次生应力是岩体变形、破坏的主要根源。所以实现地下岩体工程稳定的条件如下：

$$\left.\begin{array}{c}\sigma_{\max} < S \\ U_{\max} < U\end{array}\right\} \tag{4-4}$$

式中　$\sigma_{\max}$，$U_{\max}$——分别为围岩或者是支护体内的最大应力和位移；

S，U——分别为围岩或支护体所允许的最大应力和最大位移。

采空区周围采动影响比较复杂，形式也更为多种多样，除常见的采场冒顶、片帮、顶板下沉或围岩变形等形式外，还可能出现采场内矿柱压裂、底臌、坍塌，多个采场同时冒落，巷道整体错动，地震、巨响、气浪冲击，以及地表开裂、塌陷等。

此外，矿体的开采、矿块的回采总是分阶段、分步骤进行的，各种采掘空间不仅形成时间先后不一，而且存留时间的长短和废弃时间的先后也不一致，这就使采场围岩及矿柱中应力分布在开采中多次发生变化，采场地压显现的范围、强度也将因此而不断地改变，所以，回采顺序、采矿强度、回采周期及采空区处理的及时性等因素都会对采空区周围环境产生很大的影响。

采场空间的形状复杂，而且暴露的空间大、时间长，其周围还布置着各种巷道、硐室及其他采场，所以采场地压的分布、转移、显现不仅与其一采场的形状、跨度、高度及埋深密切相关，还与全区的采准工程及采场分布、回采状况、支护状况、充填或崩落状况密切相关。

由于围岩压力主要由岩体的变形和破坏引起，而岩体的变形和破坏都有一个时间过程，因此围岩压力一般与时间有关。另外围岩压力随时间变化的原因，除了变形和破坏有一个时间过程之外，岩石的蠕变也是一个重要因素。

此外对某一个采空区的稳定性进行分析时，还应该充分考虑到其他临近采空区的存在对其稳定性的影响，特别是当相邻采空区分布密集且形成采空区群时，则某一个采空区失稳将就会导致多米诺骨牌效应，造成重大灾害事故的发生。

4.2.4 采空区结构参数影响因素

4.2.4.1 采空区的埋深

一般情况下，当围岩处于弹性状态时，围岩压力与采空区埋深无关，而当围岩中出现塑性区时，采空区的埋深与围岩的压力有关。研究表明，当围岩处于塑性变形状态时，采空区埋深越大，围岩压力越大，采空区越不稳定；深埋采空区的围岩处于高压塑性状态，所以围岩的压力随着深度的增加而增加。

4.2.4.2 采空区的形状和大小

采空区的形状对围岩应力分布具有较大的影响，一般而言，圆形、椭圆形和拱形的应力集中程度较小，围岩比较稳定，压力也就较小；而矩形断面在弹性应力条件下，采空区围岩中的最大应力是周边的切向应力，且周边应力大小和弹性参数无关，与断面的绝对尺寸无关，只和原岩应力分布、采空区的形状有关，在有拐角的地方往往有较大的应力集中，而在直长边则容易出现拉应力。当采空区形状相同时，围岩应力与采空区的尺寸无关，亦即与采空区跨度无关，但是围岩的压力一般与采空区的跨度有关，它可以随着跨度的增加而增大，有些围岩压力公式给出压力随着跨度呈正比增加的结论。

利用矿柱控制回采矿房的跨度、形状，支撑上覆围岩的压力，借围岩与矿体的自承能力维护回采矿房的稳定。此时需要合理地选择矿房、矿柱的参数及矿房断面形状与布置方向，以使矿房周围应力分布尽可能合理。工程布置回采矿房长轴方向应尽可能与矿体最大主应力方向一致，采场周边将不会出现拉应力，若沿垂直最大主应力方向布置工程回采，将在围岩侧帮显现受拉破坏，出现片帮现象。在自重应力场中用空场法回采，留倾斜矿柱比水平矿柱更合理。

选择合理的断面形状及尺寸。确定巷道的断面形状应尽量使围岩均匀受压，尽量不使围岩出现拉应力，也应注意围岩出现过高的应力集中，造成超过强度的破坏。

选择合理的位置和方向，岩石工程位置的布置应选择在避免受构造应力影响的地方。如果无法避免，则应尽量弄清楚构造应力的大小和方向等情况。国外特别强调使隧道轴线的方向与最大主应力方向一致，尤其避免与之正交。

合理利用"卸压"方法，它是在一些应力集中区域，通过钻孔或爆破，甚至专门开挖卸压硐室，改变围岩应力的不利分布，也可以避免高应力向不利部位传递。回采矿体时，垂直方向上，工作面呈"品"字形推进，有利于形成免压拱，因而有利于采空区围岩的稳定。

采空区的高度是采空区体积的决定性因素，对采空区稳定性有很大影响。一旦采空区出现塌陷，上覆岩层将充填采空区，采空区的塌陷高度将由采空区的体积决定。采空区的体积越大，塌陷的范围就越大。当发生大面积跨落时，不仅会因岩体重力作用产生冲击破坏，更加严重的是采空区内的空气受到压缩，而形成高压气浪迅速向采空区中排出，产生的冲击地压就足以给矿山生产、设备和人员造成毁灭性的灾害。另外，高度对采空区的侧帮抗压强度和矿柱的强度也有影响。

一定条件下，采高是影响上覆岩层破坏状况的重要因素之一。采高越大，采出的空间越大，必然导致采场上覆岩层破坏越严重。

4.2.5 采空区失稳评判模型的建立

自然界中的岩体被各种构造形迹（如断层、节理、层理、破碎带）切割成既连续又不连续的地质体，因切割程度的不同，形成松散体－弱面体－连续体的一个序列，这一岩体序列要比迄今为止人类熟知的任何工程材料都复杂，且涉及的力学问题是多场（应力场、温度场、渗流场）、多相（气、液、固）影响下的地质构造与工程结构相互作用的耦合问题。因此，工程岩体的变形破坏是极为复杂的，且多数是高度非线性的。针对岩石力学问题的不确定性、随机性、模糊性和未确知性等，我们采用了模糊数学分析的方法。

另外，采空区本身就是复杂系统，其与外界环境有着不断的物质、能量、信息的交换，具有不可长期确定性预报和短期统计失效的复杂特点。因此，对这种复杂系统问题，可应用模糊数学方法，把许多资料、判断及各种定性描述转化为模糊语言，在此基础上建立对采空区稳定性进行评价的模糊综合评价模型，对采空区稳定性进行综合识别和判断，以便得到合理的结果。

4.2.5.1 评判对象及影响采空区失稳因素选择

由于影响采空区失稳的因素是多方面的，所以本书在总结前人研究结果的基础上，对大量稳定及失稳采空区数据进行了统计分析，在综合考虑区域地质因素、采空区水文因素、采空区环境因素和采空区自身因素等4个方面的条件后，进一步对失稳影响因子进行优选。初选了14项评判指标因素作为评判背景因子，即岩体结构因子、地质构造因子、岩石质量指标因子、地下水体因子、采空区水文条件因子、周围的开采影响因子、采空区暴露时间因子、相邻采空区情况因子、跨度参数因子、体积参数因子、高度参数因子、矿柱特征参数因子、采空区的规格形状（跨度/高度的比值）、工程布置因子。

本次模糊评判将以上述4类因素共14项因子作为模糊综合评判的因素及因子，由此建立采空区失稳二级模糊综合评判模型，见图4-1，其中目标层为 U（采空区失稳模糊综合评判）；第一层指标为 U_1（区域地质因素）、U_2（采空区水文因素）、U_3（采空区环境因素）、U_4（采空区自身因素）；第二层指标为 U_{1-1}（岩体结构）、U_{1-2}（地质结构）、U_{1-3}（岩石质量指标）、U_{2-1}（地下水体）、U_{2-2}（采空区水文条件）、U_{3-1}（周围采动影响）、U_{3-2}（采空区暴露时间）、U_{3-3}（相邻采空区情况）、U_{4-1}（跨度）、U_{4-2}（体积）、U_{4-3}（高度）、U_{4-4}（矿柱特征）、U_{4-5}（跨高比）、U_{4-6}（工程布置）。构建采空区失稳模糊评判指标分类，即 $U = (U_1, U_2, U_3, U_4)$、$U_1 = (U_{1-1}, U_{1-2}, U_{1-3})$、$U_2 = (U_{2-1}, U_{2-2})$、$U_3 = (U_{3-1}, U_{3-2}, U_{3-3})$、$U_4 = (U_{4-1}, U_{4-2}, U_{4-3}, U_{4-4}, U_{4-5}, U_{4-6})$。

首先对二级评判指标进行综合评判得到一级评判指标，然后对一级评判指标进行采空区综合失稳评判得到目标层 U。

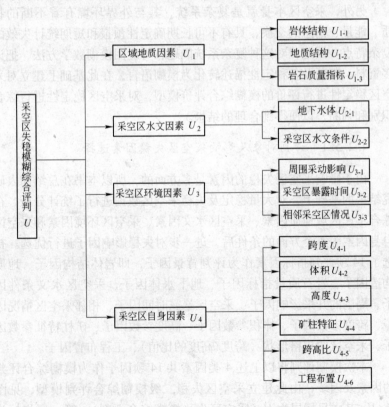

图 4-1　采空区失稳模糊评判模型

本次采空区失稳模糊评判包括 BFZ、NCB、F18N 及 F18 – F19 DCJ 4 个区域共 17 个采空区，影响采空区失稳评判因子及调查数据见表 4 – 1。

表 4 – 1　影响采空区失稳评判因子及调查数据

采空区名称	U													
	U_1			U_2		U_3			U_4					
	U_{1-1}	U_{1-2}	U_{1-3}	U_{2-1}	U_{2-2}	U_{3-1}	U_{3-2}	U_{3-3}	U_{4-1}	U_{4-2}	U_{4-3}	U_{4-4}	U_{4-5}	U_{4-6}
BFZ – 2	2	1	43	2	1	1	1	1	39	11594	32	2	1.2	2
BFZ – 3	2	2	42	2	1	2	1	1	27	2298	13	3	2.1	2
BFZ – 6	2	1	39	2	1	1	1	1	47	6831	18	1	2.6	2
BFZ – 8	2	1	41	2	1	2	2	3	50	12576	40	3	1.3	3
BFZ – 9	2	1	38	2	1	1	1	1	45	21304	45	1	1	1
NCB – 1	2	1	38	1	1	1	1	1	39	21558	38	1	1	1
NCB – 3	2	1	38	1	1	1	1	1	52	23444	38	1	1.4	1
NCB – 10	2	3	47	3	3	3	3	4	24	2754	30	3	0.8	3
NCB – 12	2	3	44	3	3	3	3	4	27	1540	22	2	2	3
NCB – 17	2	1	44	1	1	1	1	1	45	10232	39	1	1.2	1
NCB – 19	2	1	41	3	3	3	3	4	26	6049	33	1	0.8	1
F18N – 10	2	1	40	1	1	2	2	1	30	2412	18	2	1.7	3
F18N – 12	2	1	43	2	2	3	3	1	17	998	12	2	1.4	3
F18N – 13	2	1	42	2	2	3	3	3	20	1253	13	2	1.5	3
DCJ – 1	2	1	37	2	1	2	1	2	33	2500	24	1	1.38	2
DCJ – 2	2	1	37	2	1	1	1	2	24	2640	30	1	0.8	2
DCJ – 3	2	1	37	2	1	2	1	2	27	1985	24	1	1.13	2

4.2.5.2　采空区失稳级别的划分及建立评判集

采空区失稳级别的高低需要根据所测采空区分布、采空区暴露面的大小、采空区围岩的破碎状况和采空区矿柱布置等方面情况进行分级。此外结合矿区的工程地质条件、采空区自身结构参数、非法采空区状况和回采工作面布置情况等，对采空区特征进行综合描述并进行采空区失稳分级，见表 4 - 2。在此基础上，建立评判集 V = （Ⅰ，Ⅱ，Ⅲ，Ⅳ）。

表 4 - 2　采空区失稳分级标准

失稳程度	级别	采空区特征描述
失稳程度高	Ⅰ	采空区分布密集，暴露面积和体积大，矿柱布置不合理且围岩已经严重受损，与非法采空区毗邻有透水点，与回采工作面相邻，应力集中范围大，极易发生采空区大面积冒落失稳
失稳程度较高	Ⅱ	采空区分布较密集，体积大，矿柱布置不合理且围岩已经受损，有透水点，与回采工作面相邻，失稳级别可能发展到Ⅰ级
失稳程度一般	Ⅲ	采空区分布范围比较孤立，暴露面积较小，矿柱围岩已受损但不至于失稳，失稳塌落影响范围小
失稳程度低	Ⅳ	采空区孤立，但体积小，暴露面积小，采空区矿柱围岩较好，无透水点，与非法采空区距离较远

4.2.5.3　确定采空区评判指标的权重及隶属函数

权重的确定方法有很多种，本书对各指标因子的权重采用多比例两两对比法，各评判因子及评判因素自身不参与对比取值，其具体的指标因素权重的确定见表 4 - 3 ~ 表 4 - 7。

表 4 - 3　区域地质评判因子及权重分配情况

评判因子	U_{1-1}	U_{1-2}	U_{1-3}	评分值	权重分配
U_{1-1}		0.4	0.45	0.85	0.283
U_{1-2}	0.6		0.65	1.25	0.417
U_{1-3}	0.55	0.35		0.9	0.300

表 4 - 4　采空区水文评判因子及权重分配

评判因子	U_{2-1}	U_{2-2}	评分值	权重分配
U_{2-1}		0.6	0.6	0.6
U_{2-2}	0.4		0.4	0.4

表 4 - 5　采空区环境评判因子及权重分配

评判因子	U_{3-1}	U_{3-2}	U_{3-3}	评分值	权重分配
U_{3-1}		0.6	0.6	1.2	0.4
U_{3-2}	0.4		0.6	1	0.333
U_{3-3}	0.4	0.4		0.8	0.267

表 4 - 6　采空区自身评判因子及权重分配

评判因子	U_{4-1}	U_{4-2}	U_{4-3}	U_{4-4}	U_{4-5}	U_{4-6}	评分值	权重分配
U_{4-1}		0.6	0.6	0.5	0.7	0.7	3.1	0.204
U_{4-2}	0.4		0.6	0.5	0.6	0.6	2.7	0.178
U_{4-3}	0.4	0.4		0.4	0.6	0.6	2.4	0.158
U_{4-4}	0.5	0.5	0.6		0.6	0.6	2.8	0.184
U_{4-5}	0.3	0.4	0.4	0.6		0.5	2.2	0.144
U_{4-6}	0.3	0.4	0.4	0.4	0.5		2	0.132

表 4 - 7　采空区失稳评判因素及权重分配

评判因素	U_1	U_2	U_3	U_4	评分值	权重分配
U_1		0.7	0.6	0.4	1.7	0.283
U_2	0.3		0.4	0.3	1.0	0.167
U_3	0.4	0.6		0.45	1.45	0.242
U_4	0.6	0.7	0.55		1.85	0.308

4.2.5.4　隶属函数的确定

采用的四值逻辑分区法确定隶属函数时，对于不可定量表达的因素，根据量级划分来确定文字叙述部分因子分值，见表 4 - 8。如失稳程度极高，则取 $u_{(i)} = r_{ij} = 1$，i 为该因子对应的第 i 数，该行其他数为 0。如果失稳程度一般，则取值 $u_{(i)} = r_{ij} = 1$，该行其他数为 0，其他雷同。

表 4-8　采空区失稳评判四值逻辑评分标准

评判指标因子	失稳程度高 I 级	失稳程度较高 II 级	失稳程度一般 III 级	失稳程度低 IV 级
U_{1-1}	岩体较软，岩体破碎呈散体结构；较坚硬岩，岩体较破碎或破碎，结构面发育	坚硬岩，岩体呈碎裂结构；较坚硬岩或软、硬岩互层，结构面较发育	岩石坚硬，岩体较完整呈层状结构	岩石坚硬，岩体呈整体块状体
U_{1-2}	断层节理裂隙很发育，岩体破碎近似散体	有断层，裂隙较发育块状岩，岩体完整性差	有断层，裂隙较发育，岩体完整性中等	无断层，或有不影响工程性质的小断层，裂隙稍发育
U_{1-3}	<40	40~50	50~60	>60
U_{2-1}	中等水压	有裂隙水	潮湿	干燥
U_{2-2}	透水性强，具有各种弱面	中等透水，有各种夹层的弱面	透水性弱，有少量岩脉穿插和不影响工程质量的夹层等弱面存在	透水性很小，无岩脉夹层等弱面存在
U_{3-1}	采场作业面大，一次爆破量大	采场作业面大，一次爆破量较大	采场作业面一般，无明显回采振动影响	周围无回采振动影响
U_{3-2}	采空区暴露时间长	采空区暴露时间较长	采空区暴露时间一般	采空区暴露时间较短
U_{3-3}	采空区面积大，数量多，相邻较近且比较集中	采空区面积大，数量多，但分布较分散	采空区面积一般，数量不多，且相邻较远	影响范围内无其他采空区，为孤立采空区
U_{4-1}	>50m	35~50m	20~35m	<20m
U_{4-2}	>20000m³	10000~20000m³	5000~10000m³	<5000m³
U_{4-3}	>45m	30~45m	15~30m	<15m

评判指标因子	失稳程度高	失稳程度较高	失稳程度一般	失稳程度低
	Ⅰ级	Ⅱ级	Ⅲ级	Ⅳ级
U_{4-4}	无矿柱或矿柱围岩已严重受损	无矿柱或矿柱围岩开始破损	有矿柱但布置不合理、不规范	矿柱布置规范、合理
U_{4-5}	>2.5	1.5~2.5	1~1.5	<1
U_{4-6}	没有经过工程设计，工程布置不合理	没有经过工程设计	经过工程设计	经过工程设计且布置合理

定量表达的指标因素可以由采空区失稳影响隶属函数表4-9来确定，以所求采空区跨度指标因素 $x=52$ 为例，可根据四值逻辑评分表查到 $a_1=20$，$a_2=35$，$a_3=50$，由此可知 $x>a_3$，计算得出 $r=(0.48,0.52,0,0)$，其他定量评判指标的隶属函数值可照此法类推。

表4-9 定量表述的采空区失稳影响因子的隶属函数表

区　间	评价等级			
	Ⅰ a_1	Ⅱ a_2	Ⅲ a_3	Ⅳ a_4
$x \leqslant a_1$	$1-\dfrac{x}{2a_1}$	$\dfrac{x}{2a_1}$	0	0
$a_1 < x \leqslant \dfrac{a_1+a_2}{2}$	$\dfrac{(a_1+a_2)-2x}{2(a_2-a_1)}$	$1-\dfrac{(a_1+a_2)-2x}{2(a_2-a_1)}$	0	0
$\dfrac{a_1+a_2}{2} < x \leqslant a_2$	0	$1-\dfrac{2x-(a_1+a_2)}{2(a_2-a_1)}$	$\dfrac{2x-(a_1+a_2)}{2(a_2-a_1)}$	0
$a_2 < x \leqslant \dfrac{a_2+a_3}{2}$	0	$\dfrac{(a_2+a_3)-2x}{2(a_3-a_2)}$	$1-\dfrac{(a_2+a_3)-2x}{2(a_3-a_2)}$	0
$\dfrac{a_2+a_3}{2} < x \leqslant a_3$	0	0	$1-\dfrac{2x-(a_2+a_3)}{2(a_3-a_2)}$	$\dfrac{2x-(a_2+a_3)}{2(a_3-a_2)}$
$x > a_3$	0	0	$a_3/(2x)$	$1-a_3/(2x)$

4.2.6 模糊评判确定采空区失稳级别

以南采区北端 3 号采空区（NCB－3）为例确定隶属度，各个影响指标的隶属度为：

$$r_{11}^{(2)} = (0,1,0,0), r_{12}^{(2)} = (1,0,0,0), r_{13}^{(2)} = (0.525, 0.475, 0, 0),$$

$$r_{21}^{(2)} = (1,0,0,0), r_{22}^{(2)} = (1,0,0,0), r_{31}^{(2)} = (1,0,0,0),$$

$$r_{32}^{(2)} = (1,0,0,0), r_{33}^{(2)} = (1,0,0,0), r_{41}^{(2)} = (0.48, 0.52, 0, 0),$$

$$r_{42}^{(2)} = (0.426, 0.574, 0, 0), r_{43}^{(2)} = (0, 0.966, 0.034, 0),$$

$$r_{44}^{(2)} = (1,0,0,0), r_{45}^{(2)} = (0, 0, 0.9, 0.1), r_{46}^{(2)} = (1,0,0,0)$$

建立模糊评判矩阵，根据已经制定的评判集 V，对被选对象的各个指标进行评定，即建立一个从 U 到 $F(V)$ 的模糊映射，并确定各因素 U_i 对应于各评判级别 V_j 的隶属度 $r_{ij}(0 < r_{ij} < 1)$，$(i = 1, 2, \cdots, n; j = 1, 2, \cdots, m)$，所组成的模糊变换矩阵 R 为：

$$R_1^{(2)} = \begin{vmatrix} r_{11}^{(2)} \\ r_{12}^{(2)} \\ r_{13}^{(2)} \end{vmatrix} = \begin{vmatrix} 0 & 1 & 0 & 0 \\ 1 & 0 & 0 & 0 \\ 0.525 & 0.475 & 0 & 0 \end{vmatrix}; R_2^{(2)} = \begin{vmatrix} r_{21}^{(2)} \\ r_{22}^{(2)} \end{vmatrix} = \begin{vmatrix} 1 & 0 & 0 & 0 \\ 1 & 0 & 0 & 0 \end{vmatrix};$$

$$R_3^{(2)} = \begin{vmatrix} r_{31}^{(2)} \\ r_{32}^{(2)} \\ r_{33}^{(2)} \end{vmatrix} = \begin{vmatrix} 1 & 0 & 0 & 0 \\ 1 & 0 & 0 & 0 \\ 1 & 0 & 0 & 0 \end{vmatrix}; R_4^{(2)} = \begin{vmatrix} r_{41}^{(2)} \\ r_{42}^{(2)} \\ r_{43}^{(2)} \\ r_{44}^{(2)} \\ r_{45}^{(2)} \\ r_{46}^{(2)} \end{vmatrix} = \begin{vmatrix} 0.48 & 0.52 & 0 & 0 \\ 0.426 & 0.574 & 0 & 0 \\ 0 & 0.966 & 0.034 & 0 \\ 1 & 0 & 0 & 0 \\ 0 & 0 & 0.9 & 0.1 \\ 1 & 0 & 0 & 0 \end{vmatrix}$$

确定评判指标因素重要程度模糊子集并进行模糊综合评判运算，首先确定评判指标因素的权重：

$$\tilde{A}_1^{(2)} = (0.283, 0.417, 0.3); \tilde{A}_2^{(2)} = (0.6, 0.4);$$

$$\tilde{A}_3^{(2)} = (0.4, 0.333, 0.267)$$

$$\tilde{A}_4^{(2)} = (0.204, 0.178, 0.158, 0.184, 0.144, 0.132)$$

第一层次的综合评价：

$$B_1^{(2)} = \tilde{A}_1^{(2)} \cdot R_1^{(2)} = (0.283 \quad 0.417 \quad 0.3) \begin{vmatrix} 0 & 1 & 0 & 0 \\ 1 & 0 & 0 & 0 \\ 0.525 & 0.475 & 0 & 0 \end{vmatrix}$$

$$= (0.5745 \quad 0.4255 \quad 0 \quad 0)$$

$$B_2^{(2)} = \tilde{A}_2^{(2)} \cdot R_2^{(2)} = (0.6 \quad 0.4) \begin{vmatrix} 1 & 0 & 0 & 0 \\ 1 & 0 & 0 & 0 \end{vmatrix} = (1 \quad 0 \quad 0 \quad 0)$$

$$B_3^{(2)} = \tilde{A}_3^{(2)} \cdot R_3^{(2)} = (0.4 \quad 0.333 \quad 0.267) \begin{vmatrix} 1 & 0 & 0 & 0 \\ 1 & 0 & 0 & 0 \\ 1 & 0 & 0 & 0 \end{vmatrix} = (1 \quad 0 \quad 0 \quad 0)$$

$$B_4^{(2)} = \tilde{A}_4^{(2)} \cdot R_4^{(2)} = (0.204 \quad 0.178 \quad 0.158 \quad 0.184 \quad 0.144 \quad 0.132)$$

$$\begin{vmatrix} 0.48 & 0.52 & 0 & 0 \\ 0.426 & 0.574 & 0 & 0 \\ 0 & 0.966 & 0.034 & 0 \\ 1 & 0 & 0 & 0 \\ 0 & 0 & 0.9 & 0.1 \\ 1 & 0 & 0 & 0 \end{vmatrix} = (0.490 \quad 0.361 \quad 0.135 \quad 0.014)$$

分别对 $B_1^{(2)}$、$B_2^{(2)}$、$B_3^{(2)}$、$B_4^{(2)}$ 进行归一化处理,从而得出评判 互阵:

$$B_1^{(1)} = \begin{vmatrix} B_1^{(2)} \\ B_2^{(2)} \\ B_3^{(2)} \\ B_4^{(2)} \end{vmatrix} = \begin{vmatrix} 0.5745 & 0.4255 & 0 & 0 \\ 1 & 0 & 0 & 0 \\ 1 & 0 & 0 & 0 \\ 0.490 & 0.361 & 0.135 & 0.014 \end{vmatrix}$$

第二层次的综合评判:

$$A = \tilde{A}_1^{(1)} \cdot B_1^{(1)} = (0.283 \quad 0.167 \quad 0.242 \quad 0.308)$$

$$\begin{vmatrix} 0.5745 & 0.4255 & 0 & 0 \\ 1 & 0 & 0 & 0 \\ 1 & 0 & 0 & 0 \\ 0.490 & 0.361 & 0.135 & 0.014 \end{vmatrix} = (0.722 \quad 0.232 \quad 0.042 \quad 0.004)$$

本节采用最大隶属度判别准则来判别失稳等级,即利用模糊评判集合中的值对应的采空区失稳级别隶属度来确定采空区失稳级别，模糊综合评判集 A 中最大值为 0.722，对应于采空区高失稳级别，所以 NCB-3 采空区属于失稳程度高的采空区。限于篇幅，仅将其余采空区模糊综合失稳评判结果列于表 4-10。

表 4-10　采空区失稳模糊综合评判结果

采空区编号	失稳程度高（Ⅰ级）	失稳程度较高（Ⅱ级）	失稳程度一般（Ⅲ级）	失稳程度低（Ⅳ级）	采空区失稳状况
BFZ-2	0.326	0.511	0.123	0.04	Ⅱ级
BFZ-3	0.237	0.537	0.156	0.07	Ⅱ级
BFZ-6	0.548	0.329	0.054	0.069	Ⅰ级
BFZ-8	0.291	0.461	0.243	0.005	Ⅱ级
BFZ-9	0.622	0.323	0.033	0.022	Ⅰ级
NCB-1	0.699	0.207	0.072	0.022	Ⅰ级
NCB-3	0.722	0.232	0.042	0.004	Ⅰ级
NCB-10	0.017	0.172	0.632	0.179	Ⅲ级
NCB-12	0.008	0.214	0.538	0.24	Ⅲ级
NCB-17	0.633	0.253	0.046	0.068	Ⅰ级
NCB-19	0.249	0.146	0.418	0.187	Ⅲ级
F18N-10	0.392	0.37	0.152	0.086	Ⅰ级
F18N-12	0.2	0.205	0.468	0.127	Ⅲ级
F18N-13	0.208	0.385	0.299	0.108	Ⅱ级
DCJ-1	0.368	0.445	0.13	0.057	Ⅱ级
DCJ-2	0.465	0.349	0.071	0.115	Ⅰ级
DCJ-3	0.465	0.325	0.086	0.124	Ⅰ级

4.3　基于灰关联理论采空区失稳分析

运用模糊综合评判理论对所测采空区进行了失稳级别分级，Ⅰ级失稳的采空区有 8 个，Ⅱ级失稳的采空区有 5 个，Ⅲ级失稳的采空区有 4 个。但是，为了对采空区实行分区域、逐步治理，还需要了解同一级别失稳采空区中各个采空区可能发生失稳灾害程度的差异，只有全面考虑各种信息，才能提出可行、合理的采空区治理方案，才能使产生失稳灾害程度大的采空区得到及时治理。鉴于灰色理论主要用于解决贫信息、不确定性问题，所以采用灰关联理论对不同级别的失稳采空区进行采空区失稳关联度研究。

4.3.1 灰关联理论

4.3.1.1 确定参考序列和比较序列

考虑 m 个时间，$X_i = \{X_i(1), X_i(2), \cdots, X_i(n)\}$，$(i = 1, 2, \cdots, m)$，这 m 个序列即代表 m 种指标因素，$X_i(j)(i = 1, 2, \cdots, m; j = 1, 2, \cdots, n)$ 即称为比较序列（子序列）；再给定一个时间序列 $X_0 = \{X_0(1), X_0(2), \cdots, X_0(n)\}$ 作为参考序列（母序列）。

比较序列 $X_i(j)$ 可构成矩阵 X，$X = (X_{ij})_{m \times n}$，$(i = 1, 2, \cdots, m; j = 1, 2, \cdots, n)$。

在灰色关联分析中，为保证各分析因素具有相同的意义，需要对初始数据进行初值化处理，初值化是把初始数据都用参考序列对应的第一个数除。

为便于计算，建立矩阵 Y 把参考序列和比较序列进行归统，下一步进行初值化 $X_0 = (X_{01}, X_{02}, \cdots, X_{0n})$，得到初值化矩阵 Y'。

4.3.1.2 计算关联系数

对于一个参考序列 X_0，可能与之相关联的有 m 个比较序列 X_1，$X_2, \cdots, X_m$，比较序列与参考序列在各时刻差可由式 4 - 5 表示：

$$\xi_i(k) = \frac{\min\limits_{i}\min\limits_{k}|x_0(k) - x_i(k)| + \rho \max\limits_{i}\max\limits_{k}|x_0(k) - x_i(k)|}{|x_0(k) - x_i(k)| + \rho \max\limits_{i}\max\limits_{k}|x_0(k) - x_i(k)|}$$

$$(4-5)$$

式中 $\xi_i(k)$ ——比较序列 X_i 对参考序列 X_0 在 k 时刻的
关联系数，$(i = 1, 2, \cdots, m; k = 1,$
$2, \cdots, n)$；

ρ——分辨系数，通常取 0.5；

$\underset{i}{\min}\underset{k}{\min}|x_0(k) - x_i(k)|$——两级最小差；

$\underset{i}{\max}\underset{k}{\max}|x_0(k) - x_i(k)|$——两级最大差。

4.3.1.3 求关联度

关联度一般表示为：

$$r_i = \sum_{i=1}^m \omega_k \xi_i(k) \qquad (4-6)$$

式中 ω_k——k 时刻关联系数 $\xi_i(k)$ 的相应权重；
r_i——x_i 对 x_0 的关联度。

4.3.1.4 二级关联分析

采用二级关联分析，可以考虑多重关联指标因素，可减少数据计算和误差。二级关联分析就是把采空区地质因素、采空区水文因素、采空区环境因素和采空区自身因素组成四个群，先把每个群作为一个整体，研究这个整体中具体的指标因素，可得各个具体指标因素的关联度，随后再以群为指标，求得目标对象的关联度。

4.3.1.5 关联度排序

所有关联度 $|r_i|(i = 1, 2, \cdots, m)$ 构成关联排序关系，按大小把关联度进行排序，就可知道各个比较序列与参考序列相互关联关系的大小程度。

4.3.2 采空区失稳灰关联分析

采空区失稳的影响因素是随着外界环境的改变而不断变化的，前面采用模糊综合评判的理论对采空区进行了模糊评判，评判结果是 8 个采空区处于高失稳级别，需要立即采取治理措施，对采空区影响范围内的人员、设备必须紧急撤离，并加强采空区安全监测，采取适当措施有序、分步骤逐步进行采空区治理。综合上述影响采空区失稳的评判因素及因子，对相关联因子进行分析，初步选定上述采空区失稳评判因子为关联分析背景因子进行失稳关联度排序，见表 4 – 11。

表 4 – 11 影响采空区失稳主要评判因子及调查数据

采空区名称	U													
	U_1			U_2		U_3			U_4					
	U_{1-1}	U_{1-2}	U_{1-3}	U_{2-1}	U_{2-2}	U_{3-1}	U_{3-2}	U_{3-3}	U_{4-1}	U_{4-2}	U_{4-3}	U_{4-4}	U_{4-5}	U_{4-6}
BFZ – 6	2	1	1/39	2	1	1	1	1	47	6831	18	1	2.6	2
BFZ – 9	2	1	1/38	2	1	1	1	1	45	21304	45	1	1	1
NCB – 1	2	1	1/38	1	1	1	1	1	39	21558	38	1	1	1
NCB – 3	2	1	1/38	1	1	1	1	1	52	23444	38	1	1.4	1
NCB – 17	2	1	1/44	1	1	1	1	1	45	10232	39	1	1.2	1
F18N – 10	2	1	1/40	1	1	2	2	1	30	2412	18	2	1.7	3
DCJ – 2	2	1	1/37	2	1	1	1	2	24	2640	30	1	0.8	2
DCJ – 3	2	1	1/37	2	1	1	1	2	27	1985	24	1	1.13	2

由表 4 – 11 中各主要评判因子中选取对采空区失稳影响度最大值组成参考序列 X_0，$X_0 = (2，1，1/37，2，1，2，2，2，52，23444，45，2，2.6，3)$，$X_0$ 与 X_{ij} 组成决策矩阵 Y，初值化矩阵 Y，得矩阵 Y'。

$$X_{ij} = \begin{vmatrix} 2 & 1 & 1/39 & 2 & 1 & 1 & 1 & 1 & 47 & 6831 & 18 & 1 & 2.6 & 2 \\ 2 & 1 & 1/38 & 2 & 1 & 1 & 1 & 1 & 45 & 21304 & 45 & 1 & 1.0 & 1 \\ 2 & 1 & 1/38 & 1 & 1 & 1 & 1 & 1 & 39 & 21558 & 38 & 1 & 1.0 & 1 \\ 2 & 1 & 1/38 & 1 & 1 & 1 & 1 & 1 & 52 & 23444 & 38 & 1 & 1.4 & 1 \\ 2 & 1 & 1/44 & 1 & 1 & 1 & 1 & 1 & 45 & 10232 & 39 & 1 & 1.2 & 1 \\ 2 & 1 & 1/40 & 1 & 1 & 2 & 2 & 1 & 30 & 2412 & 18 & 2 & 1.7 & 3 \\ 2 & 1 & 1/37 & 1 & 1 & 1 & 1 & 2 & 24 & 2640 & 30 & 1 & 0.8 & 2 \\ 2 & 1 & 1/37 & 2 & 1 & 1 & 1 & 2 & 27 & 1985 & 24 & 1 & 1.1 & 2 \end{vmatrix}$$

$$Y = \begin{vmatrix}
2 & 1 & 1/37 & 2 & 1 & 2 & 2 & 2 & 52 & 23444 & 45 & 2 & 2.6 & 2 \\
2 & 1 & 1/39 & 2 & 1 & 1 & 1 & 1 & 47 & 6831 & 18 & 1 & 2.6 & 2 \\
2 & 1 & 1/38 & 2 & 1 & 1 & 1 & 1 & 45 & 21304 & 45 & 1 & 1.0 & 1 \\
2 & 1 & 1/38 & 1 & 1 & 1 & 1 & 1 & 39 & 21558 & 38 & 1 & 1.0 & 1 \\
2 & 1 & 1/38 & 1 & 1 & 1 & 1 & 1 & 52 & 23444 & 38 & 1 & 1.4 & 1 \\
2 & 1 & 1/44 & 1 & 1 & 1 & 1 & 1 & 45 & 10232 & 39 & 1 & 1.2 & 1 \\
2 & 1 & 1/40 & 1 & 1 & 2 & 2 & 1 & 30 & 2412 & 18 & 2 & 1.7 & 3 \\
2 & 1 & 1/37 & 2 & 1 & 1 & 1 & 2 & 24 & 2640 & 30 & 1 & 0.8 & 2 \\
2 & 1 & 1/37 & 2 & 1 & 1 & 1 & 2 & 27 & 1985 & 24 & 1 & 1.1 & 2
\end{vmatrix}$$

$$Y' = \begin{vmatrix}
1.000 & 1.000 & 1.000 & 1.000 & 1.000 & 1.000 & 1.000 & 1.000 & 1.000 & 1.000 & 1.000 & 1.000 & 1.000 & 1.000 \\
1.000 & 1.000 & 0.948 & 1.000 & 1.000 & 0.500 & 0.500 & 0.500 & 0.904 & 0.291 & 0.400 & 1.000 & 1.000 & 0.667 \\
1.000 & 1.000 & 0.974 & 1.000 & 1.000 & 0.500 & 0.500 & 0.500 & 0.865 & 0.908 & 1.000 & 0.500 & 0.385 & 0.333 \\
1.000 & 1.000 & 0.974 & 1.000 & 1.000 & 0.500 & 0.500 & 0.500 & 0.750 & 0.920 & 0.844 & 0.500 & 0.385 & 0.333 \\
1.000 & 1.000 & 0.974 & 0.500 & 1.000 & 0.500 & 0.500 & 0.500 & 1.000 & 1.000 & 0.844 & 0.500 & 0.538 & 0.333 \\
1.000 & 1.000 & 0.841 & 0.500 & 1.000 & 0.500 & 0.500 & 0.500 & 0.865 & 0.436 & 0.867 & 0.500 & 0.462 & 0.333 \\
1.000 & 1.000 & 0.926 & 0.500 & 1.000 & 1.000 & 1.000 & 0.500 & 0.577 & 0.103 & 0.400 & 1.000 & 0.654 & 1.000 \\
1.000 & 1.000 & 1.000 & 0.500 & 1.000 & 0.500 & 0.500 & 0.500 & 0.462 & 0.113 & 0.667 & 0.500 & 0.308 & 0.667 \\
1.000 & 1.000 & 1.000 & 0.500 & 1.000 & 0.500 & 0.500 & 0.500 & 0.519 & 0.085 & 0.533 & 0.500 & 0.435 & 0.667
\end{vmatrix}$$

$$A = \begin{vmatrix}
1 & 1 & 0.948 \\
1 & 1 & 0.974 \\
1 & 1 & 0.974 \\
1 & 1 & 0.974 \\
1 & 1 & 0.841 \\
1 & 1 & 0.926 \\
1 & 1 & 1 \\
1 & 1 & 1
\end{vmatrix}
\quad
B = \begin{vmatrix}
1 & 1 \\
1 & 1 \\
0.5 & 1 \\
0.5 & 1 \\
0.5 & 1 \\
0.5 & 1 \\
1 & 1 \\
1 & 1
\end{vmatrix}
\quad
C = \begin{vmatrix}
0.5 & 0.5 & 0.5 \\
0.5 & 0.5 & 0.5 \\
0.5 & 0.5 & 0.5 \\
0.5 & 0.5 & 0.5 \\
0.5 & 0.5 & 0.5 \\
1 & 1 & 0.5 \\
0.5 & 0.5 & 1 \\
0.5 & 0.5 & 1
\end{vmatrix}$$

$$D = \begin{vmatrix} 0.904 & 0.291 & 0.4 & 1 & 1 & 0.667 \\ 0.865 & 0.908 & 1 & 0.5 & 0.385 & 0.333 \\ 0.75 & 0.92 & 0.844 & 0.5 & 0.385 & 0.333 \\ 1 & 1 & 0.844 & 0.5 & 0.538 & 0.333 \\ 0.865 & 0.436 & 0.867 & 0.5 & 0.462 & 0.333 \\ 0.577 & 0.103 & 0.4 & 1 & 0.654 & 1 \\ 0.462 & 0.113 & 0.667 & 0.5 & 0.308 & 0.667 \\ 0.519 & 0.085 & 0.533 & 0.5 & 0.435 & 0.667 \end{vmatrix}$$

上述 A、B、C、D 矩阵是评判因素初值化后的矩阵，由此可得出初值化序列如下：

$$X_0 = (1,1,1); X_1 = (1,1,0.948); X_2 = (1,1,0.974);$$
$$X_3 = (1,1,0.974); X_4 = (1,1,0.974); X_5 = (1,1,0841);$$
$$X_6 = (1,1,0.926); X_7 = (1,1,1); X_8 = (1,1,1)$$

求差序列，即各个时刻 X_i 与 X_0 之差的绝对值：$|x_0(k) - x_i(k)|$，$(i = 1, 2, \cdots, m; k = 1, 2, \cdots, n)$，结果如表 4 – 12 所示。

表 4 – 12　X_i 与 X_0 差序列表

绝对差	$k = 1$	$k = 2$	$k = 3$
$|x_0(k) - x_1(k)|$	0	0	0.052
$|x_0(k) - x_2(k)|$	0	0	0.026
$|x_0(k) - x_3(k)|$	0	0	0.026
$|x_0(k) - x_4(k)|$	0	0	0.026
$|x_0(k) - x_5(k)|$	0	0	0.159
$|x_0(k) - x_6(k)|$	0	0	0.074
$|x_0(k) - x_7(k)|$	0	0	0
$|x_0(k) - x_8(k)|$	0	0	0

求两级最小差和两级最大差：

$$\min_i \min_k |x_0(k) - x_i(k)| = 0$$
$$\max_i \max_k |x_0(k) - x_i(k)| = 0.159$$

计算关联系数：

$$\xi_1(k) = (1,1,0.6045); \xi_2(k) = (1,1,0.7535); \xi_3(k) = (1,1,0.7535);$$
$$\xi_4(k) = (1,1,0.7535); \xi_5(k) = (1,1,0.3333); \xi_6(k) = (1,1,0.5179);$$
$$\xi_7(k) = (1,1,1); \xi_8(k) = (1,1,1)$$

按照一级关联分析方法，即 $r_i = \sum_{i=1}^{m} \omega_k \xi_i(k)$，可以求得一级关联度为 $r_{11} = 0.881$，$r_{21} = 0.926$，$r_{31} = 0.926$，$r_{41} = 0.926$，$r_{51} = 0.9$，$r_{61} = 0.855$，$r_{71} = 1$，$r_{81} = 1$。

同理可以取得其他影响因素的一级关联度：$r_{12} = 1$，$r_{22} = 1$，$r_{32} = 0.6$，$r_{42} = 0.6$，$r_{52} = 0.6$，$r_{62} = 0.6$，$r_{72} = 1$，$r_{82} = 1$。

$r_{13} = 0.333$，$r_{23} = 0.333$，$r_{33} = 0.333$，$r_{43} = 0.333$，$r_{53} = 0.333$，$r_{63} = 0.822$，$r_{73} = 0.511$，$r_{83} = 0.511$。

$r_{14} = 1.615$，$r_{24} = 1.176$，$r_{34} = 1.114$，$r_{44} = 1.284$，$r_{54} = 1.105$，$r_{64} = 1.264$，$r_{74} = 0.952$，$r_{84} = 0.992$。

根据上述一级关联度，组成关联矩阵，并可知上述 4 种评判因素群的权重值，所以可以再次利用公式 $r_i = \sum_{i=1}^{m} \omega_k \xi_i(k)$，求得二级关联度：$r_1 = 0.994$，$r_2 = 0.872$，$r_3 = 0.785$，$r_4 = 0.838$，$r_5 = 0.776$，$r_6 = 0.93$，$r_7 = 0.867$，$r_8 = 0.879$。

按关联度大小排序 $r_1 > r_6 > r_8 > r_2 > r_7 > r_4 > r_3 > r_5$，从此排序与表中对应的采空区可知 BFZ－6 ＞ F18N－10 ＞ DCJ－3 ＞ BFZ－9 ＞ DCJ－2 ＞ NCB－3 ＞ NCB－1 ＞ NCB－17，说明 BFZ－6 采空区失稳级别最大，需要紧急优先采取措施，积极治理，其次为 F18N－10 采空区，再次为 DCJ－3 采空区，依次排列，NCB－17 采空区相对失稳级别最小。

4.4 小结

（1）将影响采空区失稳主要影响因素分为区域地质因素、水文因素、采空区周围环境因素以及采空区自身结构因素四个方面，分别从这四个方面对其进行了详细的研究，为后期采空区模糊综合失稳评判提供基础资料。

（2）采用模糊评判理论的基本原理和方法，选取 14 项影响采空区失稳的评判背景因子，建立了采空区失稳二级模糊综合评判模型，采用多比例两两对比法确定了各评判指标因子的权重；在评判过程中，定量表示采空区失稳影响因子的分值采用了四值逻辑分区法对隶属函数进行确定，以 NCB - 3 采空区实测参数为例，运用模糊综合评价法对采空区失稳评判，采用最大隶属度判别准则来确定采空区失稳等级，得出采空区 Ⅰ 级失稳采空区有 8 个，Ⅱ 级失稳采空区有 5 个，Ⅲ 级失稳采空区有 4 个，Ⅳ 级失稳采空区为 0 个。

（3）在对采空区失稳级别划分的基础上，运用了灰关联理论对高失稳级别的采空区进行了二级关联分析，并求出二级关联度进行灰关联排序，得出 BFZ - 6 采空区二级关联度最大，失稳程度也最大，需采取措施及时优先治理，其次为 F18N - 10 采空区，再次为 DCJ - 3 采空区，依次排列，NCB - 17 采空区相对失稳程度最小，可以为后期分区域、分步骤优先治理高失稳级别采空区提供参考。

5 复杂采空区综合治理技术研究

在采空区治理方面，国内外矿山处理方法大致形成了"崩、封、撑、充"几种治理方式，即崩落围岩、封闭和隔离空区、支撑（加固）采空区、充填采空区。但采空区处理一直是一个复杂的问题，因为一个矿床开采技术条件在不同的矿体并不完全相同，采空区历史的及近期的技术状况也会存在差异。一些情况下，采空区形成时间越长，崩落的可能性也就越大，采动影响活动范围也随之增大，并出现下述情况：

（1）处理之前已形成部分崩落，或者已经发生明显岩移，给处理造成困难；

（2）岩体已受到不同程度的破坏，给布置深孔处理工程造成困难，或打好的深孔受到破坏；

（3）采动影响已向采空区外围发展，不便选择强制崩落围岩所需井巷工程的位置，或者需要增加工程量才能满足采空区处理的要求；

（4）个别区段采空区由于处理时间太迟，不利于安全作业，而影响全局的处理工程，因此大规模岩移未发生之前进行采空区的治理是很重要的。

采空区形成之后处理方案选择的原则、方法、程序，以及影响选择采空区处理方案的因素要满足以下要求：技术经济合理、安全可靠、施工方便、提高矿石回收率、采空区处理不能污染环境，确保采空区及周边环境友好、安全。

5.1 采空区治理技术及适用性

5.1.1 充填法治理采空区

采空区充填一方面可以控制围岩移动或崩落的范围，防止大面积地压的产生，另一方面还有助于解决选厂尾矿及废石堆放问题。充填法有干式充填和湿式充填两种，干式充填主要用于中小采空区的处理，其特点主要是充填系统投资小，具体操作简单易行；而湿式充填需建一套充填输送系统，投资大，充填效率高，充填胶结材料成本高，比如水泥、粉煤灰等，充填体强度可根据采空区处理的需要进行调配。

充填法主要适用于下述几个方面：

（1）地表以及地下含水层绝对不允许大面积塌落或其上部有构筑物。

（2）地表积存有大量的尾砂或堆存尾砂有困难。

（3）较密集或埋藏较深的矿脉，采空区容易产生较大规模岩移和跨塌。

（4）矿石品位较高。

对大面积复杂采空区而言，需要查明采空区的分布状况、大的地质构造带和地表重要构筑物等，按首先起关键控制重点部位作用的原则制定充填方案，出现下列情况的需优先治理：

（1）保护地表、露天边坡、充填设施、提升系统。

（2）为保护采空区，在采区与采空区之间设置隔离区段。

（3）有大的地质构造带，岩体节理、裂隙分布密集，有经常性地压活动的地段。

（4）有采空区密集分布的地段，采空区之间互相贯通，关系复杂。

不同采空区类型采取的充填方法和技术要求也不同，总的要求就是从安全生产方面，从经济成本的角度，选择合适的充填材料及技术经济可行的工艺。比如对于缓倾斜中厚以下采空区主要采用尾砂或碎石水力充填，但当控制地表或围岩位移要求充填体强度高时，可在适当部位采取胶结充填或设置一些条带型充填体墙以替代矿柱等措施。

5.1.2 崩落围岩治理采空区

用崩落围岩充填采空区或形成缓冲岩石垫层，以控制围岩压力、转移或缓和应力集中，防止围岩大范围冒落形成气浪对生产区巷道、设备和人身的损害。和充填处理采空区比较，此法简单易行，成本低。如能及时处理，并达到崩落要求的崩落范围和厚度，可以保证生产安全，并可以缓和直至解除应力集中。

崩落围岩的方法主要有强制崩落、自然崩落或者是二者的结合。当围岩稳固、整体性好、不能自然崩落时，采用爆破强制崩落围岩。强制崩落需要有以下几个条件：

(1) 矿石和围岩稳固，能保证在采空区的上下盘围岩中进行深孔工程作业；围岩宜含有品位，不会增加矿石的损失与贫化。

(2) 采空区距地表较近，强制崩落覆岩使之与地表连同，崩落地表有助于减小下部采空区处理工程量，大大减小，甚至消除下部矿体应力集中。

(3) 采空区距地表较远，强制崩落围岩处理采空区，这种方式有利于降低相邻采场的支撑压力。

(4) 局部或间隔强制放顶，形成缓冲垫层或隔离带，保护作业区安全。

(5) 垫层的合理厚度是一个急需解决的问题，在生产实践中，一般不小于 20 ~ 30m，不同条件下所要求的垫层厚度应该不同，从限制逸出的气浪速度和提高底柱的抗冲击能力出发，垫层厚度和采空区高度、冒落的规模与特征、采空区空气逸出巷道的面积、构成垫层的矿岩的块度、压实程度、底柱强度等因素有关。

对于开采急倾斜矿体形成的采空区，一般采用局部强制崩落围岩形成足够厚度的岩石垫层处理采空区，保证第一次崩落围岩的质量，形成需要的岩石垫层厚度。如垫层较薄，上部采空区不能自然崩落时应补充强制放顶以保证垫层厚度。

对于自然崩落围岩处理采空区，需要掌握顶板自然崩落的规律，以及顶板岩层性质、地质弱面的分布、顶板允许暴露的时间和面积大小、崩落发展的过程和高度，即采取相应的诱导崩落措施。

5.1.3　设置矿柱支撑采空区

设置矿柱支撑采空区是指留下永久矿柱或构筑人工矿柱支撑采空区顶板的采空区处理方法。该方法仅适用于处理缓倾斜至中厚以下，地表允许冒落，且顶板又相当稳定的采空区。永久矿柱包括采场中的规则和不规则间隔矿柱，顶、底柱，为控制岩石移动而专门保留的盘区矿柱和隔离矿柱。在满足回采和采空区处理要求条件下，永久矿柱尽量留在贫矿带或非工业矿带处。此法技术简单，空区处理费用低，条件适合而又正确选留矿柱时，可以在一定时期和范围内保护地表。其适用条件为：

（1）水平及缓倾斜中厚以下矿体。

（2）矿石和围岩很稳固，地质构造弱面较少，否则矿柱比例很大，且难以达到预期目的。

（3）矿石的价值和品位均低；矿石品位分布不均，可将贫矿或岩石留做矿柱。

（4）采空区规模不大或存在较大的非工业矿带，可将采空区分割为不连续小采空区。

（5）地表无较重要建筑物和构筑物。

实践证明，仅用矿柱支撑顶板，只能暂时缓解采区的地压显现，除非采出率极低，一般并不能避免最终发生冒落或顶板冲击地压。

5.1.4 隔离封闭采空区

隔离封闭采空区是在通往采空区的巷道中，砌筑一定厚度的隔墙，使采空区中的围岩崩落所产生的冲击气浪遇到隔墙时能得到缓冲。疏通采空区是将采空区与地表或上部老采空区联通，引导冲击气浪向无害处泄出。隔绝与疏通采空区既可以作为其他采空区处理方法的一项安全措施，又可成为一种独立的采空区处理方法（简称隔绝法或封闭法）。这种方法适用于上覆岩层允许崩落、采空区体积不大且离主要生产区较远、采空区下部不再进行回采工作等情况。对于较大采空区的处理，隔离只是一种辅助方法，如密闭与运输巷道相通的矿石溜井、人行天井等。

采用隔绝法，一般采取如下措施：

（1）封闭采空区至所有的生产区的通道。

（2）开"天窗"。

（3）在适当位置留隔离矿柱隔离采空区。

（4）留足够的矿岩垫层，使采空区与下部生产区隔离。

（5）垫层下生产区采用"封闭式"采准布置，矿块的采准、切割、落矿、出矿等作业在采空区隔绝下进行。

（6）对采空区和岩石垫层严密监控。

采空区密闭的形式有下列几种：

（1）岩石阻波墙。在需要构筑岩石阻波墙的巷道内，用浅孔或深孔将巷道两帮或顶板围岩剥落，用爆破下来的松散块石将巷道填满形成阻波墙。岩石阻波墙的构筑虽然简便，但其缺点是巷道修建阻波墙以后，就失去了使用价值，因此，它只能构筑在废巷中，其次随着时间的推移，以及井下爆破作业引起的振动，构筑岩体将压缩，它的上部可能形成空隙，降低了预防空气冲击波的效果，所以在实际使用过程中，应当定期检查。

（2）混凝土阻波墙。对需要重点保护的构筑物或主要运输巷道，可用混凝土阻波墙，它能有效地防止采空区巨大冒落产生的空气冲击破坏。

（3）齿状阻波墙。当需要定期检查采空区状况时可设置齿状阻波墙。冲击波流过齿状阻波墙时，所产生的部分入射波或反射波相互作用，强度可大大减弱。

（4）缓冲型阻波墙。采用直径180～250mm的圆木、枕木作为材料，放置这些材料时要使它们之间留有200～300mm大小的孔口；为提高阻波墙构件的强度，构件之间应用马钉固定，且与巷道壁楔紧，阻波墙的长度一般不超过3m。当空气冲击波与缓冲性阻波墙作用时，阻波墙构件的局部反射、绕射以及产生的纵波和横波会使冲击波削弱。它的优点是结构简单，构筑快，它本身带有孔口，不影响巷道通风；缺点是要消耗大量木材。

5.1.5　联合法治理采空区

采后所留下的采场空间，当用一种方法难以达到处理目的时，则采用两种或两种以上的方法来达到处理采空区的目的。例如用崩落法处理采空区时，可在适宜的阶段内不回收矿柱，不破坏围岩，并对采空区进行充填，作为下部开采的保护层，以更好地安全生产。此外，还有支撑充填法、崩落隔离法、矿房崩落充填法、支撑片落法、切槽放顶法、切顶与矿柱崩落法等。

封闭隔离以及支撑加固围岩是被动处理方法，常用的积极处理方法是充填法和崩落法。但由于采空区赋存条件各异，生产状况不一，有些采空区内采用一种采空区处理方法又满足不了生产的需要，必要时可以联合采取上述几种方法，如采用加固法与充填法联合、崩落法与充填法联合、矿柱支撑与充填法联合、封闭隔离与崩落围岩联合等。综合分析处理采空区方案的各种影响因素，从中选出在技术上可行、成本上合算、安全性高和总体效果好的采空区处理方案。

采矿方法及采空区处理方法不同，岩体移动特征不同，用崩落法开采或采后用崩落围岩的方法处理采空区，岩体移动一般可得到充分发展，并比较容易发展到地表。覆岩稳固时，其崩落可能滞后于回采，也会形成采空区，为保证安全，要在其下部布置足够厚度的崩落岩石垫层；用充填法开采或采后充填处理采空区，能较好地控制岩移幅度和剧烈程度，其移动过程具有平缓的特点，即使岩移发展至地表，其影响范围及对地表的破坏程度也较小；用永久矿柱支撑采空区，只要围岩的稳固性及矿柱的强度足够，可使采空区在较长时间内保持稳定。但若采空区范围扩大，时间过长，矿柱超载破坏，将导致岩层大面积崩落，并可能波及地表。大爆破的冲击和振动，将影响采空区的稳定性。

综上所述，各类采空区处理方法都有其特定的适用条件，在特定的条件下各有利弊，联合法处理采空区是较有发展前途的空场处理方法，容易根据实际情况吸纳各种基本方法的优点，克服其局限性。

5.2　采空区分类及综合治理技术

采空区治理分类的依据是采空区失稳程度的高低，并综合考虑采空区的规模、影响范围及采空区之间的相互关系，采取适用的采空区治理的措施，分区域、分步骤逐步对采空区进行分类治理。

Ⅰ类采空区特征主要是采空区规模大，跨高比大，采空区之间相邻较近或相互之间贯通，失稳程度高，为重点优先治理的采空区；Ⅱ类采空区特征是采空区规模较大，采空区失稳程度中等；Ⅲ类采空区规模小，采空区之间相互独立，影响范围小，失稳程度低，为最后处理的采空区。具体分类及治理情况见表5－1。

表5－1 采空区综合治理分类表

采空区编号	高强度尾砂胶结充填治理（Ⅰ类）	普通尾砂胶结充填治理（Ⅱ类）	隔离封闭治理（Ⅲ类）
BFZ－2号、3号、6号、8号、9号	BFZ－6号、9号	BFZ－2号、3号、8号	
NCB－1号、3号、10号、12号、17号、19号	NCB－3号、1号、17号	NCB－19号	NCB－10号、12号
F18N－10号、12号、13号			F18N－10号、12号、13号
DCJ－1号、2号、3号			DCJ－3号、2号、1号

在对采空区治理分类处理的基础上，采空区治理要结合矿山安全生产实际情况、采空区的空间位置分布（图5－1），分区域、分步骤有序进行，目前矿山生产主要集中在北区，采空区上部就是高陡的露天边坡，处于矿山安全生产角度考虑，治理区域首先应从 BFZ 采区开始，并且 BFZ 采空区上部采空区的位置距离地表充填站较近，能保证充填料自流，且上部 0m 水平有巷道可以利用作为充填巷道布置充填管路。对 BFZ Ⅰ类采空区采用高强度尾砂胶结充填，要求灰砂比比较高；对于 BFZ Ⅱ类采空区采用普通尾砂胶结充填，灰砂比较低，但总的要求采空区充填体强度不低于 2.5MPa。

其次是 NCB－3、1、17 号采空区，采空区体积规模大，且采空区之间相邻较近或互相贯通（图5－2），为Ⅰ类治理采空区，采用高灰砂比充填料充填采空区；NCB－10、12、19 号为Ⅲ类治理采空区，采空区规模中等，且相互独立，失稳程度低，采用隔离封闭治理采空区，但需要构筑隔离坝和铺垫一定厚度的松石垫层，防止或缓和采空区围岩自然冒落冲击地压产生的危害；对于 19 号采空区虽然比较稳定，但与 3、1、17 号采空区毗邻，采空区之间相互影响程度比较大，可按Ⅱ类采空区充填治理。

F18N－10、12、13 和 DCJ－1、2、3 采空区中，属于Ⅰ类采空区的是 F18N－10 和 DCJ－3、2，属于Ⅱ类采空区的是 F18N－13、

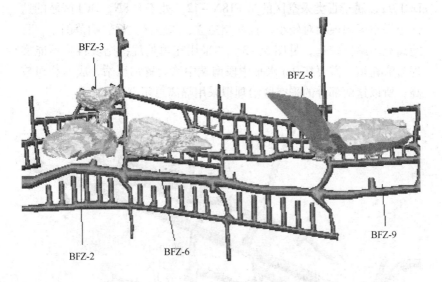

图 5 - 1 BFZ 采空区空间位置分布

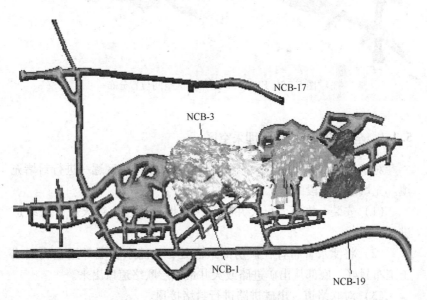

图 5 - 2 NCB 采空区空间位置分布

DCJ - 1，属于Ⅲ类采空区的是 F18N - 12。处于 F18N、DCJ 区域的这几个采空区规模相对较小，且互相独立，采空区失稳影响范围小，且距离充填站比较远，见图 5 - 3。如采用充填处理，充填料浆不能实现自流充填，需要在 0m 水平中段南端中途设置加压站，成本相对较高，所以这两部分的采空区治理拟采用隔离封闭方法。

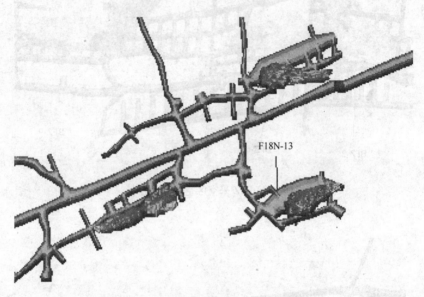

F18N-13

图 5 - 3　F18N - DCJ 采空区空间位置分布

5.2.1　全尾砂胶结充填治理采空区

对于充填治理的采空区，充填时应对各个采空区逐一进行封堵充填。充填准备阶段的施工分为下面几部分：

（1）安装、恢复人行天井梯子，充填管通过人行天井、联络道进入矿房。

（2）将滤水管布置在矿房的最高处，且滤水管端部用金属网或土工布封好，底部从出矿进路或天井最底层联络道口出来。

（3）对联络道、出矿进路进行封堵接顶。

（4）钻充填孔。

（5）充填料配比的选取。

（6）充填管路的布置。

（7）充填挡墙的位置及尺寸、充填挡墙排水等。

充填治理前，采空区封堵在出矿进路和天井的联络道中布置充填挡墙以将各采空区隔离开，见图 5 - 4、图 5 - 5。但充填挡墙的设计需要考虑以下问题：

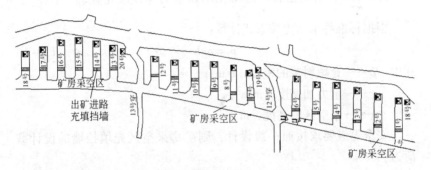

图 5 - 4　采空区出矿进路充填挡墙布置图

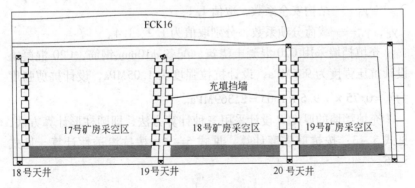

图 5 - 5　天井联络道充填挡墙布置图

（1）如果充填挡墙承受较大的压力，会容易产生局部变形、位移，采空区充填时发生跑砂、跑浆，因此不但污染井下巷道的工作环境，同时也造成水泥的流失，达不到充填体强度，充填不能够接顶等。

（2）充填挡墙受力太大而发生倒塌事故，造成充填砂浆大量流失，充填砂浆淤塞巷道损毁设备，严重的还会造成淹没溜井、井筒，导致矿山人员伤亡，矿山停产。

（3）充填挡墙设置过多或太厚，都会造成人力、物力上的浪费，增加矿山的充填成本，同时还延时误工，影响整个矿山的生产进度，降低劳动生产率。

5.2.1.1 采空区出矿进路充填挡墙的厚度理论计算

根据标准静水压力按下式计算：

$$p_j = \rho g h \qquad (5-1)$$

式中　ρ——充填料浆的密度，t/m^3；

　　　g——重力加速度，m/s^2；

　　　h——采空区的高度，m。

安全等级要求按照一级设计，则矿房采空区充填挡墙的设计载荷为：

$$p_s = \gamma_0 \times \gamma_G \times \gamma_Q \times P_j \qquad (5-2)$$

式中　p_s——设计充填挡墙承压强度，MPa；

　　　γ_0——结构安全系数，取值 1.1；

　　　γ_G、γ_Q——载荷分项系数，分别取值 1.2、1.4。

充填挡墙采用 C20 混凝土浇筑，配备 ϕ10mm 钢筋，C20 混凝土设计抗压强度为 9.5MPa，设计抗拉强度为 1.05MPa，设计抗剪强度为 $\tau = 0.75 \times \sqrt{9.5 \times 1.05} = 2.369$MPa。

充填挡墙的厚度 B 设计采用三种计算方法，即圆柱形计算方法，见式 5 - 3；按抗剪强度计算，见式 5 - 4；按抗渗透性计算，见式 5 - 5。

$$B_1 = \frac{r}{f_c / (p-1)} \qquad (5-3)$$

式中　r——巷道的内半径，m；

　　　f_c——混凝土的设计抗压强度，MPa；

　　　p——挡墙设计承压强度，MPa。

$$B_2 = \frac{pab}{2(a+b)\tau} \qquad (5-4)$$

式中 a——挡墙的设计宽度，m；

        b——挡墙的设计高度，m；

        τ——混凝土抗剪强度，MPa；

        p——挡墙设计承压强度，MPa。

$$B_3 \geqslant 48Kh_{ab} \tag{5-5}$$

式中 K——充填挡墙的抗渗性要求，取 $K=0.000015$；

      h_{ab}——设计承受静水压头高度，m。

5.2.1.2 底部结构的充填挡墙厚度计算

对于该矿山选择试充矿段采空区充填挡墙的几何参数见表5-2。

表5-2 充填挡墙几何参数

序 号	1号	2号	3号	4号	5号	6号	7号	8号	9号
宽度/m	3.2	3.2	3.2	3.2	3.2	3.2	3.2	3.2	3.2
高度/m	3	3	3	3	3	3	3	3	3
序 号	10号	11号	12号	13号	14号	15号	16号	17号	18号
宽度/m	3.2	3.2	3.2	3.2	3.2	3.2	3.2	3.2	3.2
高度/m	3	3	3	3	3	3	3	3	3

A   标准静水压力

试充矿段17号、18号、19号矿房采空区最终的采高为47m、46m、45m，根据式5-1得到试充采空区充填料的标准静水压力分别为 $p_{17}=0.86\text{MPa}$、$p_{18}=0.84\text{MPa}$、$p_{19}=0.83\text{MPa}$。

B   充填挡墙的设计载荷

安全等级按一级设计，按照式（5-2）计算充填挡墙的设计载荷分别为 $p_{17}=1.59\text{MPa}$、$p_{18}=1.55\text{MPa}$、$p_{19}=1.54\text{MPa}$。试充矿段采空区出矿进路充填挡墙厚度按式5-3~式5-5计算。出矿进路充填挡墙断面大（图5-6），挡墙材料选用C20混凝土浇筑并配有 $\phi10\text{mm}$ 钢筋，理论计算和现场实践均得出充填挡墙在静液态作用时受力最大，充填挡墙受力以液态静压力计算，现场实际堆砌时，建议挡墙厚度比理论值大，最好比理论值大10cm左右。充填挡墙厚度见表5-3。

表 5 − 3　出矿进路充填挡墙厚度

序　号	1 号	2 号	3 号	4 号	5 号	6 号	7 号	8 号	9 号
B_1/m	0.60	0.60	0.60	0.60	0.60	0.60	0.50	0.50	0.49
B_2/m	0.50	0.50	0.50	0.50	0.50	0.50	0.45	0.46	0.49
B_3/m	0.1	0.1	0.1	0.1	0.1	0.1	0.1	0.1	0.1
建议值/m	0.7	0.7	0.7	0.7	0.7	0.7	0.7	0.7	0.7
序　号	10 号	11 号	12 号	13 号	14 号	15 号	16 号	17 号	18 号
B_1/m	0.58	0.58	0.58	0.57	0.57	0.57	0.57	0.57	0.57
B_2/m	0.49	0.49	0.49	0.48	0.48	0.48	0.48	0.48	0.48
B_3/m	0.1	0.1	0.1	0.1	0.1	0.1	0.1	0.1	0.1
建议值/m	0.7	0.7	0.7	0.7	0.7	0.7	0.7	0.7	0.7

注：17 号、18 号、19 号采空区的挡墙编号为 1 ~ 6、7 ~ 12、13 ~ 18，各个挡墙的几何
　　参数见表 5 − 2。

图 5 − 6　现场出矿进路充填挡墙

5.2.1.3 天井联络道充填挡墙厚度计算

由静水压力计算公式可知，按充填挡墙的中心为受力点，充填挡墙同一高度所受到的静水压力相同，故计算充填挡墙的厚度也相同。考虑到天井施工的不便，挡墙采用普通烧结砖和水泥砂浆砌筑，拟选取砖强度等级为 MU30，砂浆强度等级选取 M15，此时的抗压强度为 3.94MPa，抗拉强度为 0.4MPa，则此时的抗剪强度为 $\tau = 0.75\sqrt{f_c f_t} = 0.95$MPa。

天井联络道的充填挡墙与联络道尺寸相符，为 2m×2m。另外，为保证安全，天井入口处也进行封挡，以防止有尾砂流出，封堵墙的底部留有排水孔。

以采高最大的 17 号采空区的 19 号天井联络道为例进行设计计算，采高为 47m。天井联络道从下至上编号依次为 1 号~8 号，以充填挡墙的中心为静水压力的受力点，则各个挡墙的标高分别为：1 号 44m，2 号 38m，3 号 32m，4 号 26m，5 号 20m，6 号 14m，7 号 8m，8 号 2m。所以，根据上述充填挡墙的计算方法求出天井联络道充填挡墙厚度，取其最大值即可，见表 5-4。

表 5-4 天井联络道充填挡墙厚度计算表

序　号	1 号	2 号	3 号	4 号	5 号	6 号	7 号	8 号
静水压力/MPa	0.80	0.69	0.58	0.47	0.36	0.26	0.15	0.036
设计载荷/MPa	1.48	1.28	1.07	0.87	0.67	0.48	0.28	0.067
B_1/m	1.20	0.96	0.75	0.57	0.41	0.28	0.16	0.051
B_2/m	0.78	0.67	0.56	0.46	0.35	0.2	0.1	0.05
B_3/m	0.23	—	—	—	—	—	—	—
建议值/m	1.5	1	0.8	0.6	0.5	0.36	0.24	0.12

此外充填挡墙的安全与否与一次充填的高度也有直接的关系。当一次充填高度在 2m 以下时，挡墙的压力较小，大于 2m 后受力急剧增大，根据现场经验，在这种状态下，一般的挡墙很难满足强度需求。所以建议开始时一次充填高度小于 2m，两次充填间隔 16h 以上，

待充填体完全沉降开始凝固产生凝聚力后再开始下次充填。

5.2.1.4 充填挡墙排水孔布置

水对充填挡墙将产生压力，及时排除充填挡墙后的水，对减小挡墙压力及防止充填料浆离析有积极的意义。排除充填挡墙后的水，通常是在墙身设置排水孔，排水孔眼的水平间距和竖直排距均为 1～2m，排水孔应向外做 5% 的坡度，以利于水的迅速下泄。孔眼选择圆形，直径为 5cm，排水孔上下层应错开布置，最低一排排水孔应高于墙前地面，当充填挡墙前有水时，最低一排排水孔应高于挡墙前水位。设计及施工效果如图 5-7 所示，另外，充填挡墙应该留出滤水孔，用于和采空区中的滤水管连接，滤水管的布设情况根据充填采空区大小和实际情况而定。

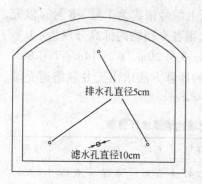
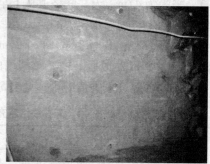

图 5-7 充填挡墙排水孔设计及施工效果图

5.2.1.5 料浆反滤层设置

在充填挡墙后面布置料浆反滤层可防止充填料浆直接接触墙体，过快地堵塞排水孔不利于排水。充填挡墙砌成以后，在其充填挡墙底部结构后面需堆放废石作为反滤层，通常距离充填挡墙 1～3m，堆放厚度 1.5m 左右，防止料浆过快地阻塞排水孔不利于排水。另外在挡墙后整个墙面铺设一定厚度的纺织材料作为反滤层，并拉紧铺平使其具有一定的张力，用水泥钉固定好。

5.2.1.6 井下滤水管布置设计

在矿岩稳定性差的情况下,大量的充填水对矿岩产生侵蚀,在充填体不能充分接顶的条件下,采空区矿柱失稳破坏的状况就会更进一步的恶化,所以在采空区充填前,必须提前布置好滤水设施。充填挡墙上的排水孔、滤水孔布置好以后,还需要在采空区内布置充填滤水管,管路采用管径为 100mm 的波纹滤水管,滤水管道采用透水性强的麻布和滤布包裹严实,并用绑丝捆扎整齐,防止管道破损使充填料浆阻塞滤水管道。滤水管道的安装布置可从采空区顶板上引下来,从底部结构的充填挡墙滤水孔中引出,或者从上端联络道挡墙引入,从最低层联络道挡墙中引出,尽量不要接触地面,以免影响滤水效果。现场施工状况见图 5-8。

图 5-8 现场滤水管和挡墙滤水孔

每个天井内部应至少设置一根滤水管，从距离较远的充填挡墙引出，滤水管在布置的时候尽量避开充填钻孔，以防止充填料对滤水管形成直接冲击。滤水管布置平面示意图如图5-9所示，尽量地使滤水管贯穿采空区。应根据现场实际情况进行滤水管的布置，对于采空区围岩条件较差的采空区，滤水管的数量要适当增加，以增加排水效果。

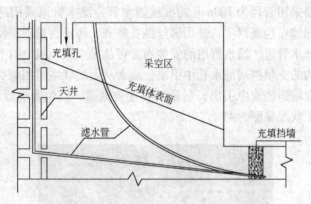

图5-9　天井及采空区内部滤水管布置

5.2.1.7　现场应用发现的问题

经过现场试运行充填系统，对试充矿段17号采空区采用灰砂比1:8的充填料浆充填，在整个试充过程中，充填料浆浓度保持在70%以上，首次充填体积1100m³左右。经过现场察看，发现在充填过程中发生跑浆问题，主要是从充填挡墙的泄水孔中漏出。泄水孔漏浆主要是因为充填挡墙施工完成后放置时间较久，挡墙内侧管口麻布产生腐烂，充填前没有进行详细调查封堵而直接充填，造成了跑浆。

另一个漏浆的地方是围岩的裂隙，此种情况较难发现，应随时关注，及时发现，对于已经发现的漏浆点在进行处理时，应视周围的围岩及地质情况进行选择。对于裂缝较小、漏浆量较小的情况，可以采用砂浆涂抹方法进行封堵；对于裂缝较大、漏浆较严重的，视情况选择是否注浆。另外，建议对充填挡墙和围岩之间的缝隙进行检查，对于缝隙较大的（如18号采空区一个充填挡墙上方漏水严重，空隙较大）应及时进行处理，细小的裂缝可先不做处理，用来增加排水效果。

针对跑浆严重的问题，建议以后充填开始时不要大量充填，应先少量充填，以检验挡墙的密闭效果，泄水孔是否漏砂，围岩是否存在漏浆的裂缝和孔洞，以便及时采取措施，防止大规模跑浆的发生。

5.2.2　隔离封闭治理采空区

对于隔离封闭处理的采空区，为了防止采空区围岩的自然冒落形成空气冲击气浪，需要构筑阻波墙或是隔离坝，在巷道中用浅孔崩落巷道两帮或顶板围岩，由爆破下来的碎散岩块将巷道填满。岩石阻波墙的形成简单方便，但随着时间的推移，在爆破的振动影响下，松散块石会逐渐压实塌落，降低了阻塞效果，所以使用中必须定期检查。阻波除了堆筑一定宽度的松石隔离坝外，还可铺垫一定厚度的松石垫层以减缓顶板冒落性矿震的危害。如图5-10所示，现转运废石到采空区，铺垫一定厚度的松石垫层，随后在巷道挑顶构筑松石阻波墙。

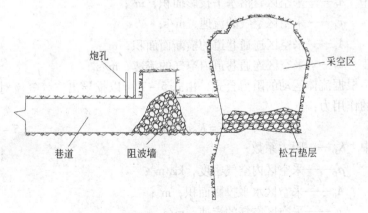

图5-10　构筑松石阻波墙和松石垫层示意图

5.2.2.1　采空区顶板冒落冲击气浪模型

对于采空区顶板自然冒落气浪的模型有下面两种，一种是打气筒模型，一种是绕流模型。冲击气浪危害程度的大小与采空区内有无空气补给源有关。

采空区顶板大面积冒落有外部空气补给采空区时，采空区内空气形成气浪类似于"打气筒"模型，见图 5 - 11，这时采空区内的空气压力比巷道内气体高得多。

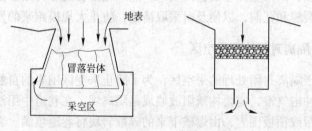

图 5 - 11   打气筒模型

假定空气为理想流体，根据连续性方程，由式 5 - 6 可以得到巷道空气的气流速度：

$$v_2 = A_0 v_1 / A_1 \tag{5-6}$$

式中 A_0——采空区冒落水平投影面积，m^2；

　　　　v_1——采空区空气的流速，m/s；

　　　　A_1——采空区连通巷道的横断面面积，m^2；

　　　　v_2——采空区连通巷道内空气的流速，m/s。

根据流体运动的阻力公式，由式 5 - 7 可以推导出空气气流对物体的作用力：

$$F = K_D v_1^2 A_0 \rho_D / 2 \tag{5-7}$$

式中 K_D——阻力系数；

　　　　ρ_D——采空区内空气密度，kg/m^3；

　　　　A_0——采空区水平投影面积，m^2；

　　　　v_1——采空区空气的流速，m/s。

设 H 为采空区顶板冒落的总高度，由式 5 - 8 可以得到顶板岩体第 i 次冒落时的重力加速度，由式 5 - 9 和式 5 - 10 可以推导出顶板岩体第 i 次冒落时采空区内的空气流速及巷道内空气流速。

$$a_i = (G - F)/m = g - K_D \rho_D v_{1i-1}^2 A_0 / (2m) \tag{5-8}$$

式中　a_i——采空区顶板岩块第 i 次冒落时的加速度，$\mathrm{m/s^2}$；

　　　v_{1i-1}——采空区顶板第 $i-1$ 次冒落时采空区内的空气流速，$\mathrm{m/s}$；

　　　A_0——采空区水平投影面积，$\mathrm{m^2}$；

　　　m——采空区顶板冒落岩体质量，kg。

$$v_{1i} = \sqrt{2a_i h_i} = \sqrt{2gh_i - K_\mathrm{D}\rho_\mathrm{D}v_{1i-1}^2 A_0 h_i / m} \qquad (5-9)$$

式中　v_{1i}——采空区顶板第 i 次冒落时采空区内的空气流速，$\mathrm{m/s}$；

　　　h_i——采空区顶板第 i 次冒落时的高度，m；

$$v_{2i} = (A_0/A_1)\sqrt{2gh_i - \frac{K_\mathrm{D}\rho_\mathrm{D}v_{1i-1}^2 A_0 h_i}{m}} \qquad (5-10)$$

式中　v_{1i}——采空区顶板第 i 次冒落时巷道内的空气流速，$\mathrm{m/s}$。

　　从上述公式中可见，随着采空区岩体冒落高度的增加以及冒落体断面面积的增大，作用在物体上的力也增大，采空区内空气冲击气浪风速也随之增大。

　　当没有外部气体补给采空区时，冒落岩体下方的被压缩气体，就会有一部分受负压作用绕流到冒落岩体上方，另一部分形成空气冲击气浪扑出后，又被空气负压逐渐反吸回采空区，这时采空区内空气气浪冲击流动形式类似于"绕流"模型，如图 5-12 所示。

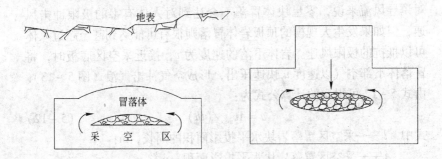

图 5-12　"绕流"模型

　　据能量守恒原理可知，采空区内空气冲击流动速度由初始状态到最大速度的过程中所消耗的总能量等于采空区顶板岩体冒落对空气所作的功。空气在采空区及巷道内冲击流动的过程中，需要克服惯性力、摩擦阻力及巷道局部阻力等，由此可建立如下关系式：

$$\int_0^t LS\rho \frac{\mathrm{d}v}{\mathrm{d}t} v\mathrm{d}t + \int_0^t \lambda \frac{L}{4R} \frac{v^2}{2} \rho Sv\mathrm{d}t + \int_0^t \sum \xi \frac{v^2}{2} \rho Sv\mathrm{d}t = \frac{1}{2} \frac{Cg\rho SAH^2}{S-A}$$

$$(5-11)$$

式中　L——空气冲击流动系统巷道换算成断面为 S 的等效长度，m；

　　　S——空气横截面面积，m^2；

　　　ρ——空气密度，kg/m^3；

　　　t——空气冲击流动速度由初始状态增大到最大值的时间，s；

　　　v——空气冲击气流流动速度，m/s；

　　　R——通道的水力半径，m；

　　　$\sum \xi$——系统的局部阻力系数之和；

　　　C——阻力系数，可取 $C = 4.5$；

　　　A——采空区岩块水平投影面积，m^2；

　　　H——采空区高度，m。

忽略空气冲击流动阻力和空气冲击流动系统局部阻力的影响，由式 5-11 可得顶板岩体冒落时诱导风流的最大速度为：

$$v_{max} = \sqrt{CgAH^2/(SL-AL)}$$

安全规程明确规定，不超过 15m/s 是人体可以抵抗的极限风速，对诱导风流来说，零星块体冒落不会达到对人体有害的极限冲击风速，但如果发生大规模的顶板岩体冒落则很有可能达到甚至超过人体可以抵抗的极限风速。岩体下落的速度为 v，接近采空区底板时，将冒落体下部空气以速度 u 快速压出，形成空气冲击气浪（图 5-13）。由式 5-12 可得 u 的计算公式为：

$$u = Av_{max}/(lh)$$

$$(5-12)$$

式中　l——采空区冒落岩块水平投影面积的周长，m；

　　　A——采空区冒落岩块水平投影面积，m^2；

　　　h——采空区冒落岩块周边最宽部位离地面的高度，m；

　　　v_{max}——采空区冒落岩块到达落地点瞬间的最大下落速度，m/s。

将采空区最大冒落岩块的形状假设为椭球体，则其水平投影面积为 $A = \pi ab$，周长 $l = \pi[1.5(a+b) - \sqrt{ab}]$，由式 5-13 可得到零星

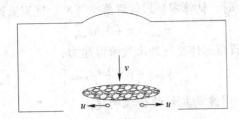

图 5 - 13 冒落岩块落地形成空气冲击气流示意图

岩块冒落形成空气冲击气流流速 u:

$$u = \frac{ab\sqrt{2gH}}{h[1.5(a+b)-\sqrt{ab}]} \qquad (5-13)$$

式中 a——假设椭圆冒落岩块长半轴，m;

b——假设椭圆冒落岩块短半轴，m。

对于采空区岩体大规模冒落要估算其最大冒落范围，同时，考虑到冒落体自由落体冲击到底板发生松散（松散系数为 1.5），冒落体下部被压缩的空气上移填充散体堆中的空隙，从而使侧向冲击流动的空气速度减小，即:

$$u = \frac{\eta\sqrt{2gH}}{h} \times \frac{ab}{1.5(a+b)-\sqrt{ab}} \qquad (5-14)$$

式中 u——大规模岩体冒落时激发起的空气冲击气浪的波速，m/s;

H——岩块冒落的下落高度，一般取采空区的最大悬顶高度，m;

h——冒落采空区的平均悬空高度，m;

g——重力加速度，m/s^2;

η——折减系数，与松散系数有关，松散系数为 1.5 时取 70%，不松散时则取 100%。

侧向水平冲击的空气气流与冒落岩体诱导的下向气流一起构成了采空区岩体冒落空气冲击气浪，计算公式为:

$$u_{max1} = u + \theta v_{max} \qquad (5-15)$$

式中 u——顶板大规模冒落激起的空气冲击气流流速，m/s;

θ——气流转向流速系数。

取 $\theta = 0.8$ 时，估算零星岩体冒落空气⋯⋯气流流速为：

$$u_{max1} = u + 0.8v_{max1}$$

估算批量冒落岩体空气冲击气流流速为：

$$u_{max2} = u + 0.8v_{max2}$$

5.2.2.2　削波构筑物的合理构建

为了确保安全，在处理采空区时，采空区冒落岩块的下落高度 H 一般取岩块最大可能冒落高度 H_{max}，即 $H_{max} = N + L_{min}$，L_{min} 为放顶时凿岩钻孔深度，按公式计算，即：

$$L_{min} = \frac{N}{k-1} - \frac{\sqrt{6}}{2}\left[1 + 3\sqrt{\frac{49033(0.0126z - 1.7 \times 10^4)}{S_t}}\right]r_e$$

$$(5-16)$$

式中　N——采空区顶、底板垂直高度，m；

　　　k——岩体的松散系数；

　　　z——岩石的声阻抗，$kg/(m^2 \cdot s)$；

　　　S_t——岩石的抗拉强度，MPa；

　　　r_e——柱形装药半径，m。

在矿房回采过程中，凿岩爆破落矿会使采空区顶板岩石产生一定深度的裂纹，爆破裂纹在顶板中可能扩展延伸的深度 L 可参考式 5 - 17 计算得出，式中符号与式 5 - 16 符号意义相同。

$$L = \frac{\sqrt{6}}{2}\left[1 + 3\sqrt{\frac{49033(0.0126z - 1.7 \times 10^4)}{S_t}}\right]r_e \quad (5-17)$$

计算松石隔离坝（岩石阻波墙）的阻力 F 时，应取顶板表面以上切槽口中的石渣堆高度、宽度和长度，即：

$$F = fWl\rho_s g\cos\alpha$$

由空气动力学可知，井下空气冲击气流引起的正面压力为：

$$P = ClN\rho_k u^2/2$$

式中　l——放顶切槽带的长度，m。

当 $F \geqslant P$ 时，松石隔离坝的石渣堆可保证采空区隔离封闭的安全，得到消除空气冲击波危害的爆破松石隔离坝的宽度 W，即：

$$W \geqslant CN\rho_k u^2/(2fL_{min}\rho_s g\cos\alpha) \quad (5-18)$$

式中 W——松石隔离坝（阻波墙）的宽度，m；

    C——阻力系数，一般取 1.1~1.27；

    N——采空区顶、底板垂直高度，m；

    ρ_k——井下空气密度，经井下取样测定，kg/m^3；

    ρ_s——爆破崩落松散岩块密度，kg/m^3；

    u——气流速度，m/s；

    f——爆破崩落松散岩块间的摩擦系数，取值范围 0.25~0.5；

    L_{min}——与采空区连通巷道放顶时的凿岩钻孔深度，m；

    α——矿体倾角，(°)。

为了充分利用矿石回采爆破崩落的废石，并确保绝对削弱采空区顶板自然冒落所激起的对底板的冲击地压的危害，将开采废石有计划地排入采空区内，消除顶板冲击地压危害的松石垫层厚度 h_n 为：

$$h_n = 0.74 l_n^{0.3} H^{1.25} L_n^{0.02} (F_0/F)^3 \qquad (5-19)$$

式中 h_n——松石垫层厚度，m；

    l_n——粗糙系数，$l_n = 6.6 \times 10^{-2} d_{cp}$；

    d_{cp}——采空区顶板冒落岩块的平均直径，m；

    H——采空区顶板岩块冒落的下落高度，m；

    L_n——采空区可能冒落岩层厚度，一般取爆破裂纹扩展延伸的深度，m；

    F_0/F——冒落面积比，当 $L_n \geq H$ 时 $F_0/F = 1$；当 $L_n < H$ 时 $F_0/F < 1$。

5.2.2.3 实例分析

以该铁矿 NCB-10 采空区为例，进行隔离封闭治理采空区。根据采空区处理调查，发现一次性冒落的规模绝对不会超过 24×4 = 96m^2。为了确保安全，a、b 分别取为 24m 和 4m；局部可能产生小规模冒落，局部冒落开始时最大冒落范围不会超过 12×2 = 24m^2；采空区高度为 30m，冒落岩块周边最宽部位离地面的高度取 $h = H/3$；η 为折减系数，与松散系数有关，取 70%；顶板岩石的抗拉强度为 6.18MPa，巷道顶底板之间的垂直高度为 3m，岩石的声阻抗为 16× $10^6 kg/(m^2 \cdot s)$，井下空气密度为 $\rho_k = 0.9 kg/m^3$，松散岩块密度为

$\rho_s = 1.8 \times 10^3 \text{kg/m}^3$，因此矿山矿块布置多数沿矿体走向布置，矿体倾角 $\alpha = 0°$。通过实地调查，采空区顶板岩体自然冒落无外界空气补给，所以按"绕流模型"产生空气冲击气浪进行计算，岩体冒落时诱导风流的最大速度为 $v_{\max} = 21\text{m/s}$，岩体冒落侧向冲击的气流流速为 u = 5.1m/s；由式 5 – 15 得岩体局部冒落产生冲击波的波速为 $u_{\max2} = 21.9\text{m/s}$；为切槽放顶构筑阻波墙，切槽放顶的钻孔深度由式 5 – 16 可得 $L_{\min} = 3.1\text{m}$；那么估计消除上述空气冲击波危害的爆破松石阻波墙的宽度 $W = 1.12\text{m}$。

结合该矿实际情况，取冒落岩块的平均直径 $d_{cp} = 0.18\text{m}$，采矿爆破裂纹在顶板岩层中可能扩展的深度为可能冒落的岩层厚度 $L_n = 2.9\text{m}$，当 $L_n < H$ 时 $F_0/F = 0.8$，由式 5 – 19 得出消除空气冲击波危害的松石垫层厚度为 $h_n = 6.8\text{m}$。由此得出其他需隔离封闭采空区构筑阻波墙和松石垫层厚度详细参数见表 5 – 5。

表 5 – 5 构筑阻波墙及松石垫层参数表

采空区名称	构筑松石阻波墙（隔离坝）的宽度/m	松石垫层厚度/m
NCB – 10	1.12	6.8
NCB – 12	0.62	4.7
F18N – 10	0.68	3.6
F18N – 12	0.4	2.2
F18N – 13	0.4	2.4
DCJ – 1	0.7	5.3
DCJ – 2	1.12	6.8
DCJ – 3	0.7	5.3

由表 5 – 5 可见，最大挑顶松石堆积坝宽度为 1.12m，为了安全起见，把实际挑顶封闭松石隔离坝的宽度调整为 1.5~3m，且爆破松石隔离坝的高度要超出巷道高度至少 0.2m；采空区松石垫层厚度根据采空区周围环境和实际情况尽可能接近表 5 – 5 中的理论计算值，但总体垫层厚度要求不得小于 3m，也就是不得低于巷道的实际高度。

5.3 试充矿段采空区数值模拟研究

选定试充的 17 号、18 号、19 号采空区位于 BFZ 采区主运输巷道东侧，在 16 线到 18 线之间。总体来说，三个采空区较规整，采高较均匀，在 45~47m 之间，采空区顶部距离 0m 巷道 20m 左右，矿房之间残留 5~6m 的间柱。在本次建立的三维计算模型中涵盖 17 号、18 号、19 号、20 号采空区以及非法采空区 FCK16 号、17 号、32 号。在进行模拟时选取了对试充采空区影响较大的 20 号采空区以及三个非法采空区进行计算，并对非法采空区进行了充填模拟，在模拟过程中对所有采空区的顶板、底板、两帮以及边坡的位移进行了监测。计算流程如图 5-14 所示。

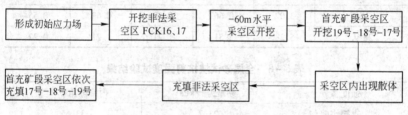

图 5-14　数值模拟流程图

考虑到周围其他采空区以及非法采空区对首充三个采空区的影响以及露天边坡的应力应变变化规律，在进行建模的时候进行了扩大。本次模型的范围在 16 线~18 线之间，地理坐标从（20573350，4456050）到（20573650，4456350），地表最高处为 140m，地表最深处为 -120m。所建模型的所有单元采用 $4 \times 4 \times 4 m^3$ 六面体单元的结合方式进行划分。总体的三维计算模型，总共 325860 个单元，计算总共需要 48h。

5.3.1 力学参数确定

该铁矿矿岩物理力学参数参考表 3-6。

充填料充入采空区后的强度应能承受上部传递下来的载荷，并能够保持自立强度，不发生失稳。对该铁矿尾矿库全尾砂送样进行粒度组成分析，砂粒度组成见表 5-6。

表5-6 全尾砂粒度组成情况

粒径/mm	-0.075	0.10	0.25	0.5	2.0	+2.0
百分含量/%	23.50	8.90	22.5	29.4	14.70	1.00
累计含量/%	23.50	32.40	54.90	84.30	99.0	100

在实验室按质量浓度65%，水泥尾砂配比1:4、1:8、1:10、1:12、1:20进行3天、7天以及28天抗压强度试验，其结果见表5-7。抗剪强度见表5-8。

表5-7 全尾砂试块强度试验结果 (MPa)

灰砂比	1:4	1:8	1:10	1:12	1:20
3天	1.58	0.54	0.28	0.28	0.24
7天	3.02	0.66	0.62	0.62	0.55
28天	5.28	2.51	1.71	1.21	0.27

表5-8 全尾砂试块抗剪强度试验结果

强度参数	黏聚力 c/kPa	内摩擦角 ψ/(°)
直接快剪	23.7	33.65
固结快剪	31.0	34.50

压缩沉降在取样尾砂经饱水3天后自然排水固结，进行压缩沉降试验，其结果见表5-9。

表5-9 全尾砂压缩沉降试验结果

压力/kPa	0	50	100	200	400
孔隙比 e	0.566	0.700	0.693	0.682	0.668

根据充填料不同配比养护28天以后的强度等因素综合考虑，建议充填料的灰砂比为1:8，此时充填料的力学参数见表5-10。

表5-10 充填料物理力学参数

指标	平均粒径/mm	含水率/%	密度/t·m⁻³	湿密度/g·cm⁻³	干密度/g·cm⁻³	渗透系数/cm·s⁻¹	养护28天强度/MPa
数值	0.370	21.8	2.81	2.0	1.64	5.10×10^{-5}	2.51

5.3.2 试充采空区数值模拟结果分析

经过对剖切面上的应力、位移以及塑性区分布的研究，可以较详细地了解待充填的三个采空区在整个模拟过程中的应力、位移以及塑性区的变化。图 5 - 15 为剖切面的空间位置示意图。剖切面倾角与矿体倾角大致相同，法向量为（- 2，0，1），通过点为（3575，0，

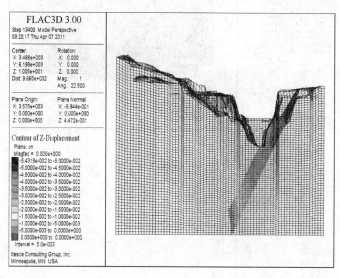

图 5 - 15 剖切面空间位置示意图

在研究初始应力形成后的模型塑性区分布时，对模型进行了垂直剖切，剖面分别通过（3574，0，0）和（0，6200，0），法向量分别为（1，0，0）和（0，1，0）。

5.3.2.1 初始应力的形成

图 5 - 16 为自重应力场下的 Z 向应力图，最大应力为 7.54MPa，位于模型的最底部。图 5 - 17 为达到初始平衡过程中最大主应力的趋势图，从图中可以看出，最大主应力逐渐变小，直到不变，说明模型已经达到初始平衡。

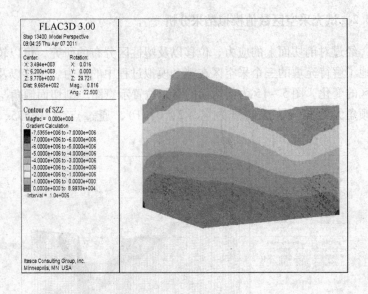

图 5 - 16 初始主应力图

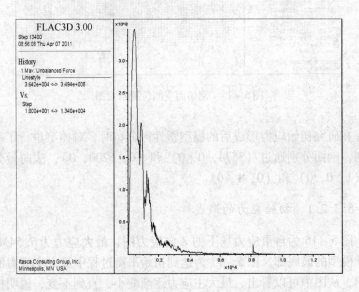

图 5 - 17 初始平衡最大不平衡力历程图

5.3.2.2 应力场分析

A 最大不平衡力

采空区的开挖与充填是一个非线性、不可逆的对岩体加载过程，矿体被采出后造成采空区周边矿岩体应力重新分布，最后达到新的平衡状态。

模拟采空区开挖及充填在初始应力场中进行，每次开挖后计算平衡的判断依据是最大不平衡力曲线，在最大不平衡力接近零且保持不变时表示计算达到平衡。最大不平衡力时图中发生突变的点表示采空区正在开挖或者是正在充填过程中，然后围岩通过应力重新分布调整又逐渐趋于平衡，整个模拟过程在模拟计算达到 52400 步时结束。

B 最大主应力和最小主应力

本次研究的重点是进行试充试验的 17 号、18 号及 19 号采空区，因此只给出了这三个采空区以及所处的 M1 矿体在开挖及充填过程中的应力变化。

图 5 - 18 和图 5 - 19，为模型达到初始平衡时剖切面上的最小与

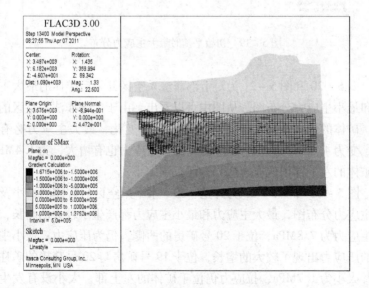

图 5 - 18　初始平衡时最小主应力分布

最大主应力分布图，图中的网格为采空区所在的矿体区域。由图可知，当达到初始平衡时，最大主应力为 4.5MPa，为压应力，位于矿体的底部；最小应力出现了拉应力，大小为 1.3MPa，位于矿体的左上部位。

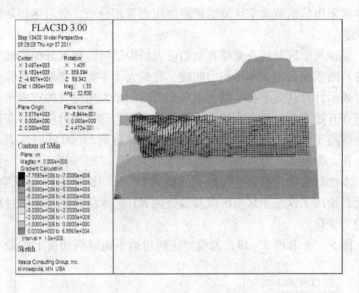

图 5 - 19　初始平衡时最大主应力分布

图 5 - 20 和图 5 - 21 为对上部非法采空区开采后矿体的最大主应力和最小主应力分布图。从图中可以看出，由于上部非法采空区的开挖，矿体的最大和最小主应力分布发生了变化，最大主应力略有增加，变为 4.62MPa，仍为压应力；最小主应力也有增大，为 1.4MPa，在矿体的左上部依然有拉应力，但范围缩小。

图 5 - 22 和图 5 - 23 为开挖 -60m 水平采空区后矿体的最小及最大主应力分布图，最大主应力和最小主应力都产生了较大的增长，最大主应力为 7.8MPa，位于 20 号矿房的两侧，仍为压应力；最小主应力的压应力出现了较大的增长，位于 19 号矿房与 20 号交接的矿柱底部，大小为 1.7MPa，拉应力仍位于矿体的左上部，大小没有发生明显变化。

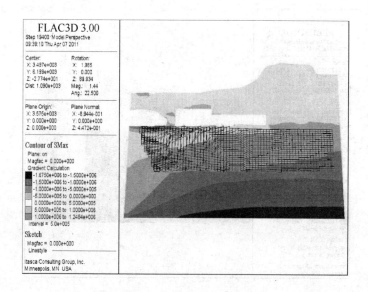

图 5 - 20　开采非法采空区最小主应力图

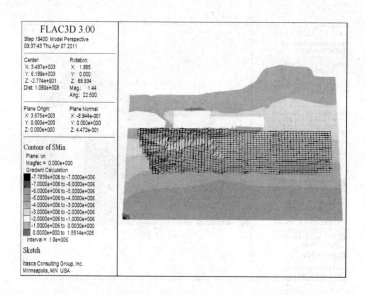

图 5 -21　开采非法采空区最大主应力图

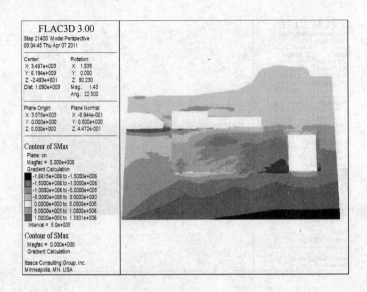

图 5 - 22 开采 - 60m 水平最小主应力图

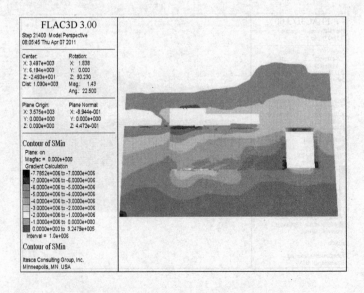

图 5 - 23 开采 - 60m 水平最大主应力图

图 5 - 24 ~ 图 5 - 29 为依次开挖三个采空区后的最大主应力和最小主应力分布图，每次的开挖都引起了最大主应力的增大。开挖 19 号采空区时，20 号矿房右侧矿柱的最大主应力由于卸载的原因而变小，变为 7.0MPa 左右。19 号矿房的右侧矿柱的最大主应力变为 7.80MPa，为压应力，左侧矿柱的最大主应力增长较大，变为 6.5MPa 左右，在底板处也出现了较大的压应力，为 7.7MPa 左右。在顶板处出现了拉应力，位于顶板的中央，大小为 1.0MPa 左右，底板的最小主应力仍为压应力。之后开挖引起的增加不是很明显，分别为 7.81MPa 和 7.82MPa，主要位于 19 号矿房与 20 号矿房之间交接的矿柱底部和底板处以及 18 号矿房与 19 号矿房之间交接的矿柱底部。17 号矿房两侧矿柱的最大主应力较小，为 5.0MPa 左右。在开采过程中，采空区顶板的最大主应力变化较大，开采 18 号矿房时，18 号矿房顶板的最大主应力达到了 2.0MPa，而 19 号矿房顶板处的最大主应力略有减小，开采 17 号矿房时，18 号和 17 号矿房顶板的最大主应力都出现了较大增长，尤其是 17 号矿房顶板，但仍为压应力。三个矿房底板的最大主应力变化不大，数值较小，最大出现在 19 号矿房

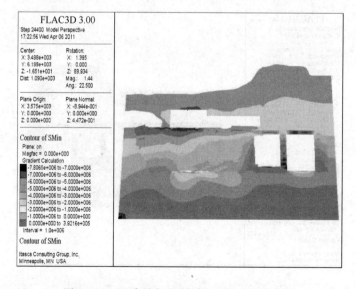

图 5 - 24   开采形成 19 号采空区最大主应力图

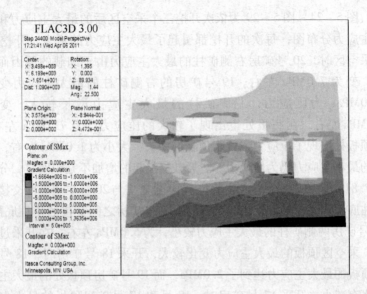

图 5 - 25   开采形成 19 号采空区最小主应力图

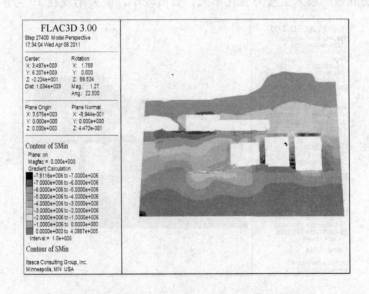

图 5 - 26   开采形成 18 号采空区最大主应力图

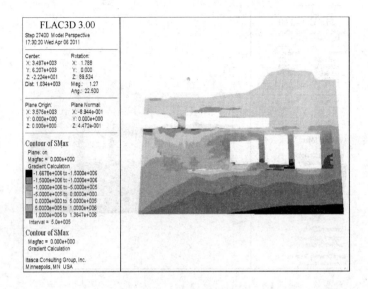

图 5 - 27 开采形成 18 号采空区最小主应力图

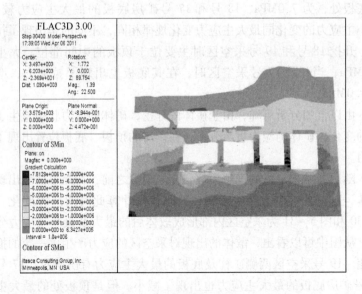

图 5 - 28 开采形成 17 号采空区最大主应力图

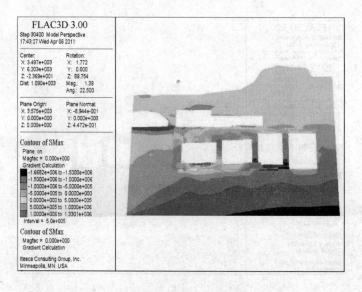

图 5 - 29　开采形成 17 号采空区最小主应力图

的底板处，为 7.0MPa，18 号和 17 号矿房底板的最大主应力较小。最小主应力的变化同最大主应力变化规律相同，不同的是出现了拉应力，开挖 18 号和 19 号采空区时主要位于顶板的中间部位，大小为 0.5MPa，当开采 17 号采空区时，在其底板也出现了拉应力，增大为 1.0MPa。

　　由以上的分析可知，由于矿体的开挖，矿体的应力状态发生了较大的变化，矿体的应力重新分布，在矿房的顶板、底板位置出现了拉应力。

　　随后开始采空区的充填模拟，充填模拟之前，待充填区域出现了散体，这也会对应力产生影响，因此首先计算此时的应力变化。图 5 - 30 和图 5 - 31 为采空区内部形成散体后的最大及最小主应力分布图。从图中可以看出，散体的出现对采空区的应力产生了一定的抑制作用。19 号采空区两侧矿柱及底板的最大主应力有所减小，17 号和 18 号矿房底板的最大主应力也出现了减小。但是顶板处的最大主应力出现了增长。散体形成后，三个矿房的最小主应力变化较大，尤其

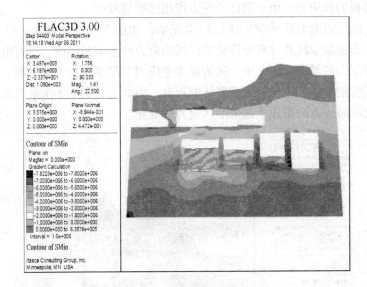

图 5 - 30　形成散体后采空区最大主应力图

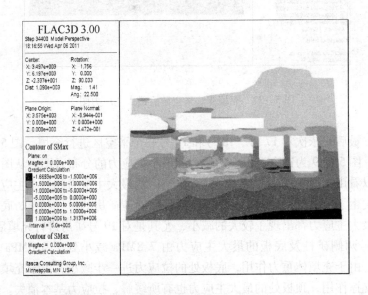

图 5 - 31　形成散体后采空区最小主应力图

是底板的拉应力，由于散体的重力作用而明显减小。

　　然后是对非法采空区进行模拟充填，如图 5 - 32 和图 5 - 33 所示。非法采空区并没有对待充填区域的应力产生抑制作用，反而由于上部压力的增大，三个采空区的最大主应力和最小主应力都出现了不同程度的增长，但没有达到破坏的程度。因此，对上部非法采空区进行充填时应及时关注下部采空区应力的变化。

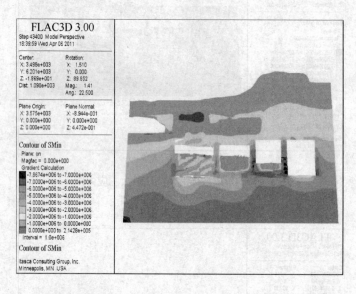

图 5 - 32　充填非法采空区后最大主应力图

　　最后是依次对 17 号、18 号和 19 号三个采空区进行充填。图 5 - 34 ~ 图 5 - 39 为这个过程中的最大和最小主应力的分布云图。从图中可以看出，由于充填的作用，三个采空区的最大主应力和最小主应力都发生了较大的变化，每充填一个矿房，对应矿房的矿柱和顶、底板的最大主应力都出现了较大的减小，尤其是对 19 号矿房进行充填后，19 号两侧矿柱及底板的最大主应力由 7.8MPa 减小到了 5.0MPa 左右，由于充填体重力作用，底板处的拉应力进一步减小，由于充填体的支撑作用，顶板处的最大主应力也有所缓解，拉应力基本消失。通过以上的模拟计算可以说明充填可以有效地缓解采空区围岩的应力集

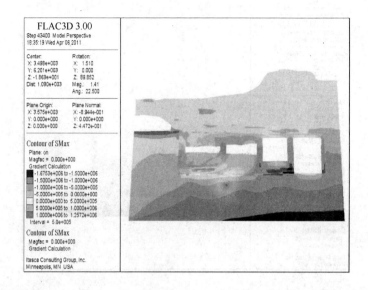

图 5 - 33　充填非法采空区后最小主应力图

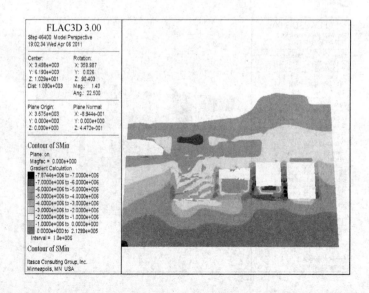

图 5 - 34　充填 17 号采空区最大主应力图

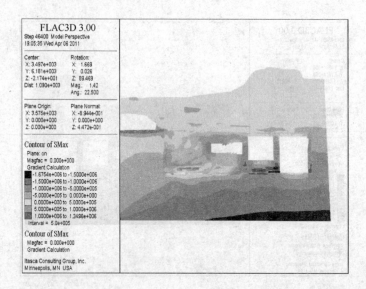

图 5 - 35　充填 17 号采空区最小主应力图

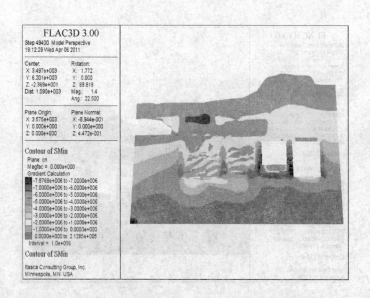

图 5 - 36　充填 18 号采空区最大主应力图

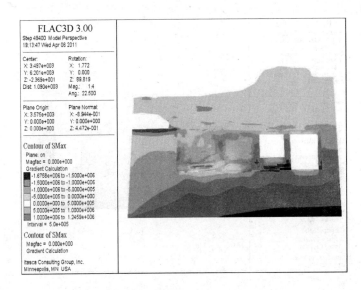

图 5-37 充填 18 号采空区最小主应力图

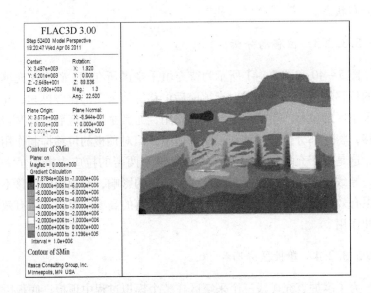

图 5-38 充填 19 号采空区最大主应力图

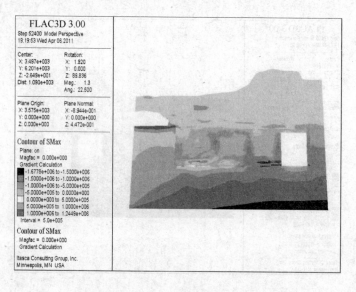

图 5 - 39 充填 19 号采空区最小主应力图

中分布状态。

5.3.2.3 位移场分析

图 5 - 40 和图 5 - 41 所示为待充填采空区所在 M1 矿体在充填前后的位移等值云图。经过对充填前后位移等值云图的比较可知，充填对采空区的位移产生了一定的抑制作用，尤其是采空区底板和两帮的位移，将这部分位移转移到了充填体中，但对顶板的位移抑制作用较小，这是由于充填体的自重作用与底板和两帮的拉应力抵消了一部分，导致位移减小，由于充填过程中接顶的影响，对顶板的位移不会产生有效的抑制作用，但是减小了顶板下落的高度，可以产生有效的缓冲作用。

5.3.2.4 塑性区分布

为了掌握首充矿段三个采空区在整个模拟过程中顶板、底板以及矿柱的塑性分布情况，将各个时段对应的三个采空区的塑性区分布图

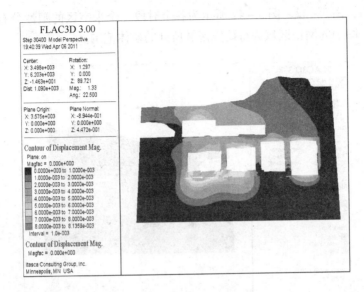

图 5-40　充填前位移等值云图

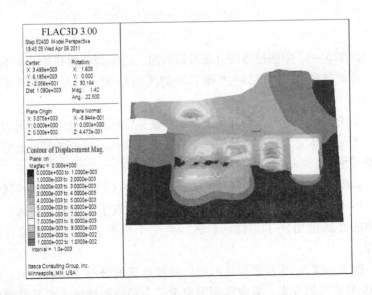

图 5-41　充填后位移等值云图

导出，图 5 -42 ~ 图 5 -47 所示为各个时段三个采空区的塑性分布情况。图中的网格区域为待研究区域所处的矿体范围。

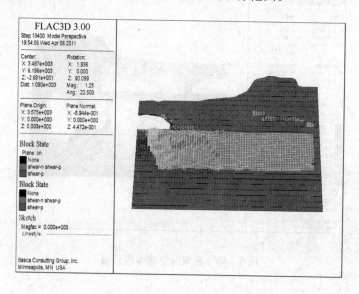

图 5 - 42   初始平衡塑性分布图

由图 5 -42 中塑性区的分布可以看出，当模型达到初始平衡的时候，在矿体的左上角已经出现了局部的塑性区，但是范围并不是很大。

如图 5 -43 所示，当开采上部的非法采空区后，由于上部重力减小，下部矿体应力状态得到缓解，故正处在塑性区阶段的部分此时不再是塑性。

如图 5 -44 所示，当开采 -60m 水平采空区后，矿体的塑性区扩大，19 号采空区与 20 号采空区相邻的矿柱出现了少量的塑性区，在矿体的底部也出现了塑性区。然后是三个首充采空区的模拟开挖过程。

图 5 -45 为 19 号采空区形成后的塑性区的分布，可以看出，由于 19 号矿房的开采，采空区周围出现了大量的塑性区，尤其是两侧的矿柱，在底板的角部出现了塑性区。

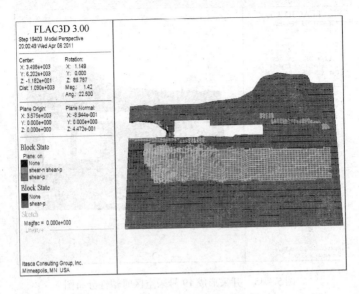

图 5 - 43 开采非法采空区后塑性分布图

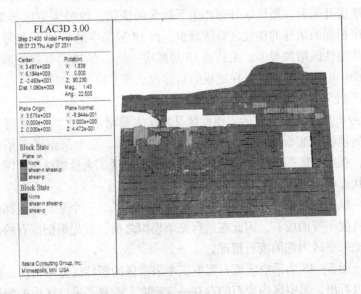

图 5 - 44 -60m 采空区形成后的塑性图

图5-45 开采形成19号采空区时塑性分布图

图5-46为18号采空区形成后的塑性区的分布，可以看出，18号矿房开采后，塑性区分布产生了较大的变化，19号采空区与20号矿房相邻的矿柱的塑性区有所减少，而18号采空区与19号相邻的矿柱的塑性区增加很多，尤其是19号矿房一侧，在18号矿房的顶板中间部位出现了塑性区，在底板的角部也出现了较多的塑性区。

图5-47为17号采空区形成后的塑性区的分布，从图中可知，17号矿房形成采空区后，塑性区又再次大量增多，尤其是17号采空区的顶板和底板部位，出现了大量的塑性区。三个采空区开采完毕后，在采空区的矿柱、顶板以及底板处都出现了大量塑性区，围岩稳定状态较为危险。

根据现场调查，由于采空区形成时间较长，三个采空区内都出现了高度不等的废石，因此在进行充填模拟之前，首先根据废石的高度模拟采空区内部的废石情况。

图5-48为采空区废石影响三个采空区的塑性区分布情况，由图可以看出，采空区内废石的存在一定程度上改善了采空区内的塑性分布，尤其是17号采空区底板的塑性区分布情况，这是因为废石产生的

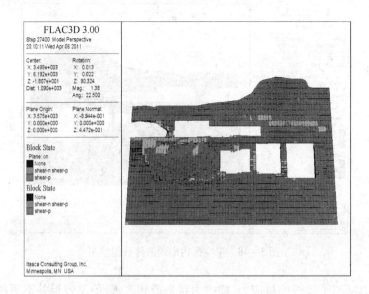

图 5 - 46 开采形成 18 号采空区时塑性图

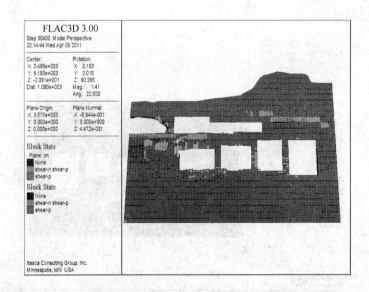

图 5 - 47 开采形成 17 号采空区时塑性图

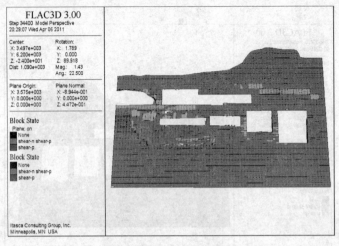

图 5 - 48   采空区内出现散体后塑性图

重力抵消了底板的拉应力，使应力状态得到改善，但是效果并不明显。

图 5 - 49 为对非法采空区充填之后三个采空区的塑性分布情况，由于上部重量的增加，三个采空区的塑性区出现了局部的增大，但不是很明显。

图 5 - 49   非法采空区充填后塑性区分布图

图 5 - 50 和图 5 - 51 为依次完成每个采空区充填后的塑性区分布图，从图中看出，充填之后，三个采空区的塑性区分布变化不是特别

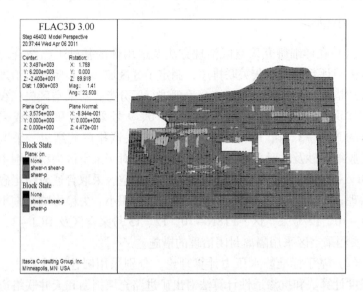

图 5 - 50 充填 17 号采空区后塑性区分布图

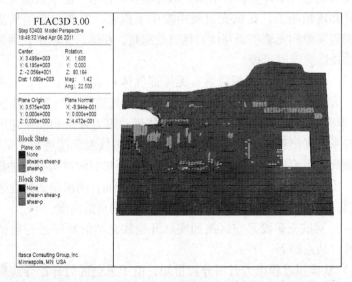

图 5 - 51 充填 18、19 号采空区后塑性区分布图

大，有所改善，说明充填虽然能够改善采空区顶底板以及矿柱的塑性分布状态，但是效果不是很明显。

5.4 小结

（1）在详细研究采空区治理方法及适用性的基础上，结合对采空区失稳评判分级和灰关联排序，制定了分区域、分步骤逐步治理采空区的措施，对实测采空区综合治理进行了分类，对采空区失稳级别高、体积大、距离生产区较近的 BFZ – 6、9 号采空区和已形成采空区群的 NCB – 3、1、17 号采空区，按照灰关联排序的结果，采取高强度胶结尾砂及时对采空区进行充填治理；对于采空区失稳级别中等的 BFZ – 2、3、8 号采空区和 NCB – 19 号采空区采取普通胶结尾砂充填治理；对于远离生产区、采空区孤立、体积小、失稳影响范围小的 NCB – 10、12 号采空区，F18N – 10、12、13 号采空区及 DCJ – 3、2、1 号实测采空区采用隔离封闭治理的措施。

（2）基于标准静水压力计算理论，分别采用圆柱形计算法、抗剪强度计算法和抗渗透性计算法对出矿进路充填挡墙和天井联络道挡墙厚度分别进行了计算，并对采空区充填井下排水、滤水设施等进行了设计和现场施工，在试充过程中发生了跑浆，发现主要是从泄水孔、围岩裂隙和充填挡墙与围岩接缝处跑浆，在随后充填中，须采取措施排查隐患及时治理。

（3）根据采空区顶板冒落有无外部气体补给，分别建立了采空区顶板大面积冒落形成空气冲击气浪的"排气筒模型"和"绕流模型"，基于理想流体的连续性方程、流体运动阻力理论和能量守恒原理，对采空区顶板大面积冒落形成的空气冲击气浪风速进行了估算，并就隔离封闭治理采空区的松石隔离坝和松石垫层的结构参数进行了计算，得出该铁矿松石隔离坝的宽度为 1.5 ~ 3m，隔离坝的高度须超出巷道高度 0.2m，松石垫层的厚度不得低于巷道的高度。

（4）对试充矿段采空区按照实际开挖和充填的顺序进行数值模拟计算，结论如下：

1）从模拟过程应力云图分析得知，由于采空区的开挖导致矿岩的应力重新分布，每次开挖都会引起最大主应力的增加，在 19 号采空区底板及两侧矿柱有较大的压应力；18 号矿房的开挖，致使 18 号采空区的左侧矿壁与底板的交汇处出现拉应力集中，最小主应力达到1.34MPa；但随着 17 号矿房的开挖，最大主应力变化不大，但在 17 号采空区底板、顶板位置出现了不同程度的拉应力，最大达到1.33MPa，而 18 号采空区底板及与左侧矿壁交汇处的拉应力集中现象有明显缓解降低。

通过对非法采空区和 3 个采空区依次充填后，分析应力云图可知，采空区的应力状态得到了很大的缓解，19 号矿房两侧矿柱底部的最大主应力减小到了 5.0MPa 左右，最小主应力也有所减小，17 号矿房顶、底板的拉应力减小明显接近 0。通过这些结果可知，对采空区的充填有效地缓解了采空区的应力状态，采空区的稳定性得到了很大的提升，说明了充填体的应力转移作用。

2）通过比较形成采空区后地表位移云图和采空区充填后的位移云图得知，充填并不能控制采空区上方地表的位移，可抑制采空区地表位移，使其影响区域位移的速率放缓；地表最大位移发生在露天边坡右侧的坡脚处，最大位移是 15.9mm。

3）通过塑性区分布的分析可知，三个采空区开采完毕后，在采空区的矿柱、顶板以及底板处都出现了大量塑性区，围岩应力状态较为危险。充填之后，采空区的塑性区分布有所改善但变化不是特别大，说明充填体能够改善采空区围岩的塑性分布状态。

参考文献

[1] 黄成才. 空场采矿法采空区处理与利用浅谈 [J]. 安全生产与监督, 2009 (4): 39.

[2] 李同鹏, 王湘桂. 吴集铁矿南段采空区稳定性及处理措施研究 [J]. 金属矿山. 2009 (12): 32.

[3] 李夕兵, 李地元, 赵国彦, 等. 金属矿地下采空区探测、处理与安全评判 [J]. 采矿与安全工程学报, 2006 (3): 24, 25.

[4] 吴建功, 林清援, 高锐. 地球物理方法及在地质和找矿中的应用 [M]. 北京: 地质出版社, 1988.

[5] Baker R L, Cull J P A. Equisition and Signal Processing of Ground—Penetrating Radar for Shallow ExPloration and Open – pit Mining. ExPloration GeoPhysics [J], 1992, 23 (1 ~ 2): 17 ~ 22.

[6] 高勇, 徐白山, 王启军, 等. 地下空区探测方法有效性研究 [J]. 地质找矿论丛, 2003, 18 (2): 126 ~ 130.

[7] 罗周全, 刘晓明. 采空区精密探测技术应用研究 [J]. 矿业研究与开发, 2006, 11 (增刊): 87 ~ 90.

[8] Greg Turner, Richar J Y, Peter J H. Coal Mining Applications of Ground Radar [J]. ExPloration GeoPhysics, 1990, 21 (1 ~ 2): 165 ~ 168.

[9] Siggins A F A. Radar Investigation of Fracture in a Granite Outcrop [J]. ExPloration Geo-Physics, 1990, 21 (1 ~ 2): 105 ~ 110.

[10] Claudio Brusehini, Bertrand Gros, Frederie Guerne. Ground Penetrating Radar and Imaging Metal Detector for Antipersonnel Mine Detection [J]. Journal of Applied GeoPhysics, 1998, 40 (1 ~ 3): 59 ~ 71.

[11] George A M, Robert G L, Xiaoxian Zen, et al. Ground Penetrating Radar Imaging of a Collapsed Paleocave System in the Ellenburger Dolomite Central Texas [J]. Journal of Applied GeoPhysics, 1998, 39 (1 ~ 3): 1 ~ 10.

[12] Tumer G. Data Processing Techniques for the Location of One Dimensional Objects Using Ground Probing Radar [J]. ExPloration GeoPhysics, 1989, 20 (3): 379 ~ 382.

[13] Seje Carlsten, Sam Johansoon, Anders Warman. Radar Techniques for Indicating Internal Erosion in Embankment Dams [J]. Journal of Applied GeoPhysics, 1995, 33 (1 ~ 3): 143 ~ 156.

[14] Zaki Harari. Ground – Penetrating Radar (GPR) for Imaging Stratigraphic Features and Groundwater in Sand Dunes [J]. Journal of Applied GeoPhysics, 1996, 36 (1): 43 ~ 52.

[15] 曾昭发, 王海垠, 赵旭荣. 探地雷达法及其在金矿勘查中的应用 [J]. 黄金, 1997, 18 (12): 3 ~ 8.

[16] 闫长斌，徐国元，钟国生. 复杂地下空区综合探测技术研究及其应用［J］. 辽宁工程技术大学学报，2005，24（4）：481～483.

[17] Fardin N，Feng Q，Stephansson O. Application of a New in Situ 3D laser Scanner to Study the Scale Effect on the Rock Joint Surfaceroughness［J］. International Journal of Rock Mechanics & Mining Sciences，2003，41（2）：329～335.

[18] 张新光，张金龙，朱和玲. 空区激光自动扫描系统（CALS）的研究与应用［J］. 采矿技术，2009，9（1）：70～72.

[19] 刘晓明，罗周全，孙利娟，张保，李畅. 空区激光探测系统在我国的研究与应用［J］. 西安科技大学学报，2008，28（2）：215～218.

[20] 王运敏，刘海林，孙国权. CMS实测地下矿采空区建模及稳定性分析研究［J］. 金属矿山，2009，398（8）：5～9.

[21] 赵刚，王焕丑，张银平，等. 寿王坟铜矿采空区管理与监测［J］. 有色金属，1998，4（50）：123.

[22] 纪洪广，乔兰，张树学，等. 深部岩体稳定性评价的声发射－压力耦合模式［J］. 中国矿业，2001，2（10）：51～54.

[23] 李豪. 应用岩体声发射技术监测采场顶板稳定性的研究［J］. 工业安全与环保，1999（9）：20～23.

[24] 陆富龙. 岩体声发射技术在露天采空区管理中的应用［J］. 采矿技术，2004，4（4）：35～36.

[25] 来兴平，石平五，伍永平. 基于非线性动力学采空区稳定性监测分析［J］. 西安科技学院学报，2002，22（1）：124.

[26] 叶粤义，罗一忠，黄应盟. 高峰锡矿100号矿体地压监测与控制技术研究［J］. 矿业研究与开发，1998，2（18）：427.

[27] 蔡美峰，来兴平，岩石基复合材料支护采空区动力失稳声发射特征统计分析［J］. 岩土工程学报，2003，1（25）：51.

[28] 蔡美峰，来兴平. 声发射在复合构材料支护采空区非线性动力失稳监测中的应用（中国岩石力学与工程学会第七次学术大会）［C］. 西安，2002.

[29] 万虹，冯仲仁，石忠民. 地下采空区中矿柱稳定性的现场监测与研究［J］. 武汉工业大学学报，1998，4（18）：113.

[30] 赵奎，饶运章，蔡美峰. 采空区应力变化监测及稳定性分析［J］. 矿业研究与开发，2002，4（22）：21～23.

[31] 万虹，石忠民，徐长佑. 某矿采空区矿柱应力分布规律的测试研究［J］. 中国矿业，1996，5（6）：65～69.

[32] 乔兰，欧阳振华，来兴平，等. 三山岛金矿采空区地应力测量及其结果分析［J］. 北京科技大学学报，2004，26（6）：569.

[33] 郭学彬，肖正学，周家钰. 地下矿房中深孔爆破震动的监测与分析［J］. 中国矿业，1998，8（3）：82～85.

[34] 赵奎，万林海，饶运章，等．基于声波测试的矿柱稳定性模糊推理系统及其应用 [J]．岩石力学与工程学报，2004，23（11）：1804～1809.

[35] 白春元，杨进宇，周鹏．采空区地表垂直变形测量及分析 [J]．IM &P 化工矿物与加工，1999，（8）：16～17.

[36] 来兴平，蔡美峰．采空区非线性动力灾害数字化过程监控及分析 [J]．中国矿业，2003，12（2）：35～37.

[37] 来兴平，黄昌富，蔡美峰．采空区动力灾害监测的非平衡信号的子波变换分析 [J]．西安科技学院学报，2003，23（3）：237～240.

[38] 刘德安．矿山测量技术创新与采空区稳定性数字化过程监控 [J]．西安科技学院学报，2003，23（3）：280～282.

[39] 来兴平．基于非线性动力学的采空区稳定性集成监测分析与预报系统研究及其应用 [J]．岩石力学与工程学报，2002，21（11）：1749.

[40] 蔡美峰，来兴平．耦合监控在地下主运输巷塌陷区锚固段应用 [J]．北京科技大学学报，2001，4（23）：293.

[41] 蔡美峰，来兴平．复合坚硬岩石巷道塌陷段监控的研究与应用 [J]．岩石力学与工程学报，2003，22（3）：391.

[42] 来兴平．路基下大采空区动力灾害监测预报 [J]．长安大学学报（自然科学版），2003，23（5）：28～31.

[43] 来兴平，王双红，蔡美峰．子波变换在围岩非稳态破坏信号分析中的应用 [J]．金属矿山，2003，（2）：15～17.

[44] 王连国，缪协兴．基于尖点突变模型的矿柱失稳机理研究 [J]．采矿与安全工程学报，2006，23（2）：137～140.

[45] 李江腾，曹平．初始几何缺陷对超高矿柱稳定性的影响 [J]．岩石力学与工程学报，2005，24（22）：4185～4189.

[46] Zhang Haibo, Song Weidong. Hazard Source Identification of Mined – out Area Based on Grey System Theory [C]．ICICA2010, Lecture Notes in Computer Science（LNCS 6377），2010：493～500.

[47] Zhang Haibo, Song Weidong. Analysis on the Stability of Cavity Based on Cavity Monitoring System [C]．ICICA2012, PART I CCIS 307, 2012：646～652.

[48] Li Jiangteng, Cao Ping. Mechanism Analysis on Pillar Instability Induced by Micro2disturbance under Critical Condition [J]．Cent South Univ Technol, 2005, 12（3）.

[49] Wang Xuebin. Analysis of Progressive Failures of Pillar and Instability Criterion Based on Gradient Dependent Plasticiry [J]．Cent South Univ Technol, 2004, 11（4）：445～450.

[50] 朱湘平．矿体采空区顶板稳定性研究 [J]．金属矿山，2003（9）：327.

[51] 刘沐宇，徐长佑．地下采空区矿柱稳定性分析 [J]．矿冶工程，2000，20（1）：19～22.

[52] 贺广零，黎都春，翟志文，等．采空区顶板塌陷破坏的力学分析 [J]．石河子大学

学报, 2007, 25 (1): 103~108.

[53] 宋力, 解英艳, 肖丽萍. 矿柱弹塑性破裂过程数值模拟研究 [J]. 矿山压力与顶板管理, 2003 (4).

[54] 袁瑞甫, 李元辉, 赵兴东, 等. 围压卸荷对矿柱破坏模式影响分析 [J]. 矿业研究与开发, 2006, 26 (2): 24~26.

[55] 李江腾, 曹平. 硬岩矿柱纵向劈裂失稳突变理论分析 [J]. 中南大学学报, 2006, 37 (2): 371~375.

[56] 张晓君. 基于可靠度的采空区稳定性预测 [J]. 矿山压力与预板管理, 2003 (4): 84~88.

[57] 张晓君. 影响采空区稳定性的敏感因素性分析 [J]. 矿业研究与开发, 2006, 26 (1): 14~16.

[58] 王新民, 丁德强, 段瑜. 灰色关联分析在地下采空区危险度评价中的应用 [J]. 中国安全生产科学技术, 2006, 2 (4): 35~39.

[59] 王新民, 段瑜, 彭欣. 采空区灾害危险度的模糊综合评价 [J]. 矿业研究与开发, 2005, 25 (2): 83~85.

[60] 赵奎, 蔡美峰, 饶运章, 等. 采空区块体稳定性的模糊随机可靠性研究 [J]. 岩土力学, 2003, 24 (6): 987~990.

[61] 卢兆明, 等. 高层建筑火灾风险灰关联评估 [J]. 武汉大学学报 (工学版), 2004 (4).

[62] Deng J L. Control Problems of Unknown Systems. Recent Developments in Control Theory and Its Application, 1981.

[63] Chang T C, Lin S J. Grey Relation Analysis of Carbondioxide Emissions from Industrial Production and Energy Usesin Taiwan [J]. Journal of Environmental Management, 1999, 56 (4): 247~257.

[64] 李夕兵, 李地元, 等. 金属矿地下采空区探测、处理与安全评价 [J]. 采矿与安全学报, 2006, 3 (1): 24~28.

[65] 郭玉龙, 任高峰. 三维有限元数值模拟在采空区稳定性评价中的应用 [J]. 西部探矿工程, 2005 (3): 204~206.

[66] 张吉龙, 童辉. 夹沟矿不同跨度采空区顶板的稳定性分析研究 [J]. 矿业研究与开发, 2007, 27 (2): 32~34.

[67] 彭欣, 崔栋梁, 李夕兵, 等. 特大采空区近区开采的稳定性分析 [J]. 中国矿业, 2007, 16 (4): 70~73.

[68] 妙美兰, 寥英泰, 邹泽举. 基于弹性非线性理论的采空区有限数值模拟分析 [J]. 西部探矿工程, 2005 (11).

[69] 周小平, 孙运轮, 张永兴, 等. 大厂铜坑矿细脉带采场围岩稳定性的数值分析 [J]. 地下空间, 2000, 20 (4).

[70] 饶运章, 柴炜, 黄奔文. ANSYS 数值计算在紫金山金铜矿矿柱稳定性分析中的应用

[J]．黄金，2008，29（7）：22～26．

[71] 杨海军，董长吉．基于 ANSYS 的深部巷道稳定性数值模拟 [J]．煤炭技术，2009，28（4）：50～51．

[72] 黄铁平，韩仕权．基于 ANSYS 的某铁矿采场稳定性分析 [J]．现代矿业，2009，487（11）：23～25．

[73] 孙国权，李娟，胡杏保．基于 FLAC3D 程序的采空区稳定性分析 [J]．金属矿山，2007，368（2）：29～31．

[74] 李明，郑怀昌，刘志河，吴秀岐．贾庄石膏矿采空区稳定性 FLAC3D 分析 [J]．非金属矿，2009，32（2）：54～56．

[75] 张晓君．采空区顶板大面积冒落的数值模拟 [J]．IM &P 化工矿物与加工，2007，27（1）：17～18．

[76] 南世卿，赵兴东．断层影响下境界矿柱稳定性数值分析 [J]．金属矿山，2005（3）：28～30．

[77] 张晓君．矿柱及围岩对采空区破坏影响的数值模拟研究 [J]．采矿与安全工程学报，2006，23（1）：123～126．

[78] 张海波，李示波，等．金属矿山嗣后充填采场顶板合理跨度参数研究及建议 [J]．金属矿山，2014．

[79] 李宏，徐曾和，徐小荷，等．非对称开采时矿柱岩爆的准则与前兆 [J]．中国矿业，1997，6（1）：46～51．

[80] 张娇，姜谙男，易南概．东坪金矿采空区开挖过程的三维有限元数值模 [J]．中国矿业，2006，15（11）．

[81] 钟刚，韩方建．平水铜矿采空区稳定性数值分析 [J]．金属矿山，2004（3）：8～11．

[82] 唐有德，姚香．类框架结构支撑采空区的力学稳定性分析 [J]．有色金属，2004，56（2）：21．

[83] 李一帆，张建明．某铜矿采空区稳定性的离散元数值模拟 [J]．铜业工程，2006（1）：23～26．

[84] 伍永田，张旭生，李晓芸．地震作用对采空区塌陷的 UDEC 模拟 [J]．矿业工程，2007，5（6）：19～21．

[85] 李夕兵，李地元，赵国彦，周子龙，宫凤强．金属矿地下采空区探测、处理与安全评判 [J]．采矿与安全工程学报，2006，23（1）：24～29．

[86] 张海波，刘芳芳．基于模糊综合评判的采空区稳定性分析 [J]．化工矿物与加工，2013（10）：40～43．

[87] 胡华，孙恒虎．矿山充填工艺技术的发展及膏体充填新技术 [J]．中国矿业，2001，10（6）：47～50．

[88] Dickhout M H. The Role and Behavior of Fill in Mining [A]. In: Proc. Jubilee Symp. Mine Filling [C]. 1973, Mount Isa: 1～11.

［89］ Volkow Y V, Kamaev V D. Improvement on Mining Methods in Ural Metallic Mines ［M］. 1997 (5~6): 124~130.

［90］ Thomas E G. Selection and Specification Criteria for Fills for Cut and Fill Mining ［A］. In: O. Stephansson, M. J. Jones eds. Application of Rock Mechanics to Cut and Fill Mining: Inst. Min. Metall ［C］. London: 1981, 128~132.

［91］ Swindells C F, Szwedzicki T. Rock Mechanics Issues Affecting Underground Mines in the Eastern Goldfields ［A］. Presented at Australasia. Inst. Min. Metall. Regional Conf. Geol. , Min. & Met. Practices in the Eastern Goldfields ［C］. Kalgoorlie, 1991.

［92］ 吴立新, 王金庄, 郭增长. 煤柱设计与监测基础 ［M］. 徐州: 中国矿业大学出版社, 2000: 121~131.

［93］ 刘志祥, 李夕兵. 尾砂胶结充填体力学试验及损伤研究 ［J］. 金属矿山, 2004 (11): 22~24.

［94］ 张海波, 宋卫东. 评述国内外充填采矿技术发展现状 ［J］. 中国矿业, 2009, 18 (12): 59~62.

［95］ 刘志祥, 李夕兵. 尾砂分形级配与胶结强度的知识库研究 ［J］. 岩石力学与工程学报, 2005, 24 (10): 1789~1793.

［96］ 周崇仁. 矿柱回采与空区处理 ［M］. 北京: 冶金工业出版社, 1989: 22~223.

［97］ 周爱民. 矿山废料胶结充填 ［M］. 北京: 冶金工业出版社, 2007: 37~39.

［98］ 于学馥. 信息时代岩土学与采矿计算初步 ［M］. 北京: 科学出版社, 1991.

［99］ 桑玉发, 等. 凡口铅锌矿充填体状态及稳定性研究报告: ［成果鉴定报告］, 长沙: 长沙矿山研究院, 1996.

［100］ 布雷迪 B H G, 布朗 E T. 地下采矿岩石力学 ［M］. 冯树仁, 佘诗刚, 等译. 北京: 煤炭工业出版社, 1990.

［101］ 邓代强, 姚中亮, 唐绍辉. 深井充填体细观破坏及充填机制研究 ［J］. 矿业工程, 2008 (12): 15~17.

［102］ 张海波, 宋卫东. 基于灰色系统的采矿方法优选 ［J］. 黄金, 2010, 31 (12): 28~30.

［103］ Fall M, Benzaazoua M, Ouellet S. Effect of Tailings Properties on Paste Backfill Performance. Proceedings of the 8th International Symposium in Mining with Backfill ［C］. Beijing: 2004: 193~201.

［104］ Li P, Villaescusa E, Tyler D. Factors Influencing the Quality of Minefill for Underground Support. Proceedings of the 8th International Symposium in Mining with Backfill ［C］. Beijing: 2004: 248~252.

［105］ Seryakov V M. Implementation of the Calculation Method for Stress State in Rock Mass with Backfill ［J］. Journal of Mining Science, 2008, 44 (5): 439~450.

［106］ Fall M, Adrien D, et al. Saturated Hydraulic Conductivity of Cemented Paste Backfill ［J］. Minerals Engineering, 2009, 22: 1307~1317.

[107] Li Li, Michel Aubertin. Horizontal Pressure on Barricades for Backfilled Stopes. Part I: Fully Drained conditions [J]. Can. Geotech. J., 2009, 46: 37~46.

[108] Nasir O, M. Fall. Shear Behaviour of Cemented Pastefill - rock Interfaces [J]. Engineering Geology, 2008, 101: 146~153.

[109] Li Li, Michel Aubertin. Numerical Investigation of the Stress State in Inclined Backfilled Stopes [J]. International Journal of Geomechanics, 2009 (3/4): 52~62.

[110] Hu K X, Kemeny J. Fracture Mechanics Analysis of the Effect of Backfill on the Stability of Cut and Fill Mine Workings [J]. International Journal of Rock Mechanics and Mining Sciences, 1994, 31 (3): 231~241.

[111] Brown E T. Analytical and Computational Methods in Engineering Rock Mechanics [M]. London: Allen and Unwin, 1987.

[112] 韩森, 张钦礼. 充填体矿柱物理力学参数的优化设计 [J]. 山东科技大学学报 (自然科学版), 2008, 4 (2): 19~28.

[113] 张海波, 刘芳芳. 充填采矿法充填挡墙合理结构参数研究及应用 [J]. 化工矿物与加工, 2014.

[114] 陈希哲. 土力学地基基础 (第3版) [M]. 北京: 清华大学出版社, 1998.

[115] 黄志伟. 尾砂水采充填的研究 [J]. 金属矿山, 2003 (增刊): 26~29.

[116] 王志方. 充填体强度研究 [J]. 化工矿山技术, 1996, 25 (3): 13~16.

[117] 张海波, 宋卫东. 充填采矿技术应用发展及存在问题研究 [J]. 黄金, 2010, 31 (1): 23~25.

[118] 郭振华, 周华强, 等. 膏体充填工作面顶板及地表沉陷过程数值模拟 [J]. 采矿与安全工程学报, 2008, 6 (2): 172~175.

[119] 吴大敏. 坑采充填接顶率与充填体承载效果关系探讨 [J]. 化工矿物与加工, 2006 (4): 20~23.

[120] Yilmaz E, Kesimal A, Ercidi B. Strength Development of Paste Backfill Simples at Long Term Using Different Binders. Proceedings of 8th Symposium Mine Fill [C], China, 2004: 281~285.

[121] Fall M, Benzaazoua M. Modeling the Effect of Sulphate on Strength Development of Paste Backfill and Binder Mixture Optimization [J]. Journal of Cement and Concrete Research, 2005, 35 (2): 301~314.

[122] Helinski M, Fourie A B, Fahey M. Mechanics of Early Age Cemented Paste Backfill. In: Jewell, Lawson, Newman (Eds.), Proceedings 9th International Seminar On Paste and Thickened Tailings, Australian Centre of Geomechanics, Ireland, 2006: 313~322.

[123] Fall M, Belem T, Samb S, Benzaazoua M. Experimental Characterization of the Stress - strain Behaviour of Cemented Paste Backfill in Compression [J]. Journal of Materials Sciences, 2007, 42 (11): 3914~3992.

[124] Fall M, Benzaazoua M, Ouellet S. Experimental Characterization of the Influence of Tail-

ings Fineness and Density on the Quality of Cemented Paste Backfill [J]. Minerals Engineering, 2005, 18: 41～44.

[125] 周科平, 古德生. 安庆铜矿尾砂胶结充填灰砂配比的遗传优化设计 [J]. 金属矿山, 2001, 301 (7): 11～13.

[126] 彭志华. 胶结充填体力学作用机理及稳定性分析 [J]. 有色金属（矿山部分）, 2009 (1): 39～41.

[127] 邓代强. 高浓度水泥尾砂充填体力学性能研究 [J]. 矿冶, 2006, 9 (3): 5～7.

[128] 王佩勋, 王正辉. 胶结充填体质量问题探析 [C]. 第八届国际充填采矿会议论文集, 2004.

[129] 邓代强, 高永涛, 姚中亮. 胶结充填材料力学特性影响因素回归分析 [J]. 有色金属, 2008, 11 (4): 120～124, 135.

[130] 李一帆, 张建明, 等. 深部采空区尾砂胶结充填体强度特性试验研究 [J]. 岩土力学, 2005 (6): 865～868.

[131] Benzaazoua M, Fall M, Belem T. A Contribution to Understanding the Hardening Process of Cemented Paste Fill [J]. Minerals Engineering, 2004, 17: 141～152.

[132] Fall M, Benzaazoua M. Modeling the Effect of Sulphate on Strength Development of Paste Backfill and Binder Mixture Optimization [J]. Cement and Concrete Research, 2005, 35: 301～314.

[133] Serge Ouellet, Bruno Bussière, et al. Microstructural Evolution of Cemented Paste Backfill: Mercury Intrusion Porosimetry Test Results [J]. Cement and Concrete Research, 2007, 37: 1654～1665.

[134] Bayram Ercikdi, Ferdi Cihangir, et al. Utilization of Industrial Waste Products as Pozzolanic Material in Cemented Paste Backfill of High Sulphide Mill Tailings [J]. Journal of Hazardous Materials, 2009, 168: 848～856.

[135] 郑永学. 矿山岩体力学 [M]. 北京: 冶金工业出版社, 1988: 203～209.

[136] 李俊平, 冯长根, 郭新亚, 等. 矿柱参数计算研究 [J]. 北京理工大学学报, 2002, 22 (5): 662～664.

[137] Zhang Haibo. Study on the Mechanism of Backfill and Surrounding Rock of Open Stope During Subsequent Backfill Mining. Materials Processing and Manufacturinguring [C]. Advanced Materials Research vols 753－755 (2013): 452～456.

[138] 高玮. 岩石力学 [M]. 北京: 北京大学出版社, 2010: 109～112.

[139] 蔡美峰, 何满潮, 刘东燕. 岩石力学及工程 [M]. 北京: 科学出版社, 2002: 109～112.

[140] 郑泽岱, 刘沐宇, 祝文化. 矿柱强度估算与稳定性评价 [J]. 武汉工业大学学报, 1993, 15 (3): 59～67.

[141] 宋卫东, 徐文彬, 万海文, 等. 大阶段嗣后充填采场围岩破坏规律及其巷道控制技术 [J]. 煤炭学报, 2011, 36 (2): 287～292.

[142] 张海波, 宋卫东. 大跨度空区顶板失稳临界参数及稳定性分析 [J]. 采矿与安全工程学报, 2014, 31 (1): 60～65.

[143] Vyazmensky A, Stead D, Elmo D. Numerical Analysis of Block Caving - Induced Instability in Large Open Pit Slopes: a Finite Element/Discrete Element Approach [J]. Rock Mech Rock Eng, 2009, 43 (1): 21～39.

[144] Singh G S P, Singh U K, Murthy V M S R. Application of Numerical Modeling for Strata Control in Mines [J]. Geotech Geol Eng, 2010, 28: 513～524.

[145] 张海波. 空场嗣后充填开采充填体与围岩作用机理研究 [J]. 化工矿物与加工, 2014 (1).

[146] 秦予辉. 基于 K. B. 鲁佩涅依特理论的露天坑下采空区算顶板安全厚度计算 [J]. 矿业研究与开发 2010, 30 (4): 66～69.

[147] 刘希灵, 尚俊龙, 朱传明. 露天台阶下空区安全隔离层计算及稳定性分析 [J]. 金属矿山, 2011 (5): 141～145.

[148] Martin C D, Maybe W G. The Strength of Hard - rock Pillars [J]. International Journal of Rock Mechanics & Mining Sciences, 2000, 37: 1239～1246.

冶金工业出版社部分图书推荐

书　　名	定价(元)
采矿技术	49.00
矿山注浆堵水帷幕稳定性及监测方法	20.00
冶金矿山预算定额　第三册　尾矿工程（2010 年版）	105.00
冶金矿山预算定额　第四册　剥离工程（2010 年版）	130.00
冶金矿山预算定额　第五册　总图运输工程（2010 年版）	90.00
冶金矿山预算定额　第六册　费用定额（2010 年版）	35.00
冶金矿山预算定额　第七册　施工机械台班费用定额、材料预算价格（2010 年版）	65.00
软岩控制理论与应用	29.00
地下开采边界品位动态优化研究及其应用	22.00
矿山废料胶结充填（第 2 版）	48.00
岩巷工程施工——掘进工程	120.00
矿物加工技术（第 7 版）	65.00
综采工作面人－机－环境系统安全性分析	32.00
金属矿山安全生产 400 问	46.00
地下装载机	99.00
典型排土场边坡稳定性控制技术	62.00
复杂开采条件下冲击地压及其防治技术	35.00
采矿工程师手册（上）	196.00
采矿工程师手册（下）	199.00
采矿学（第 2 版）	58.00
露天采矿机械	32.00
金属矿床露天开采	28.00
高等硬岩采矿学（第 2 版）	32.00